人間滋味

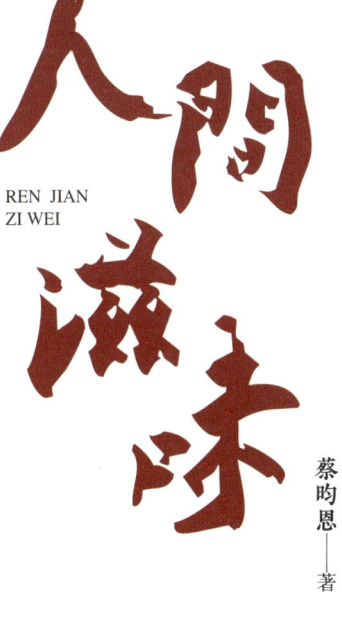

REN JIAN
ZI WEI

蔡昀恩——著

江苏凤凰文艺出版社

图书在版编目（CIP）数据

人间滋味 / 蔡昀恩著. — 南京：江苏凤凰文艺出版社，2021.7
ISBN 978-7-5594-5887-2

Ⅰ.①人… Ⅱ.①蔡… Ⅲ.①人生哲学—通俗读物 Ⅳ.① B821-49

中国版本图书馆 CIP 数据核字 (2021) 第 084934 号

人间滋味
REN JIAN ZI WEI

蔡昀恩　著

责任编辑	孙金荣
特约策划	大　俊
特约编辑	大　俊
封面设计	陈　飞
版式设计	木南君
封面题字	喻泽琴
出版发行	江苏凤凰文艺出版社
	南京市中央路 165 号，邮编：210009
网　　址	http://www.jswenyi.com
印　　刷	北京瑞禾彩色印刷有限公司
开　　本	880 毫米 ×1230 毫米　1/32
印　　张	7
字　　数	114 千字
版　　次	2021 年 7 月第 1 版
印　　次	2021 年 7 月第 1 次印刷
书　　号	ISBN 978-7-5594-5887-2
定　　价	55.00 元

江苏凤凰文艺版图书凡印刷、装订错误，可向出版社调换，联系电话 025-83280257

人生嘛
就是吃好点儿
看淡点儿

【前言】
100 岁吃货欢乐多

大家拿到这本书的时候，我们某音的话题标签应该已经改成"吃货奶奶 100 岁"了——最开始是"吃货奶奶 98 岁"，后来是"吃货奶奶 99 岁"。一直以来，喜爱奶奶的小粉丝们总喜欢称奶奶为"百岁奶奶"，这下她可是货真价实的百岁奶奶了。

在这里，还是要先小小地恭喜一下奶奶，不过她的目标是"活他个 120 岁"，所以现在还不能骄傲。

有时候想想，我真的要偷笑，有这样一个乐观爱笑，心态超棒，还吃嘛嘛香的顽童奶奶，是怎样才能修来的福气啊！每每和家人、朋友聊天，大家都纷纷表示，只要和奶奶在一起，就会不自觉地感到快乐——在我们眼中，奶奶就是个可以传递欢乐的福气娃娃。

说起带奶奶走上全网最高龄网红这条路，还是有点儿误打误撞的。其实最开始我开某音号，纯粹是为了记录自己的日常生活——我去印度旅游的时候，拍了一些自我感觉很不错的视频，自信满满地发布到了网上，结果压根儿没什么人看。

直到有一天，我去奶奶家的时候看见她正在喝可乐，就随手用手机拍了一小段视频。视频中奶奶喝可乐喝得正酣，我装模作样地吓唬她："喝可乐不健康，不如喝点儿红酒。"此时可乐正是奶奶的心头好，管你啥酒通通都得靠边站。于是奶奶一边一本正经地应付我，一边自以为神不知鬼不觉地用手把可乐罐往自己怀里扒拉，生怕被我抢走。

我：奶奶，以后不要喝可乐了，喝红酒更健康。
奶奶：不健康啊？那红酒会贵些的嘛。
我：贵些就贵些，健康点儿。

视频拍完后我就当日常素材发到了某音上。谁承想，等中午我再刷某音的时候，发现主页的消息居然突破99条了！那条奶奶喝可乐的视频的播放量也突破了25万次！

当时的我，震惊中夹杂着惊喜，惊喜中透露着不敢相信：火了？点开评论一看，网友们都很有才。

看到没,98岁天天喝可乐。
我似乎听出了这位同学的言外之意。

奶奶:和我谈健康?我今年98岁了。
失敬失敬。

贵一些只是借口罢了!
奶奶被看穿了!

我放心地让我老公天天喝可乐了,哈哈!
爱,是克制。

啥子健康不健康,你晓得个铲铲。
一看就是刷完我们后面视频的老粉,已经熟练掌握了奶奶的口头禅!

其实当时这个视频没有放完整,奶奶后来还说了:"哦,不喝才不健康。"当然,这个歪理也被她延续到了日后的美食品鉴中:不吃才不对!

其实大家不知道的是,当时奶奶觉得有气泡的饮料是酒的一种,她觉得喝酒很酷,因为年轻人都喝酒(未成年人切勿饮酒哦)。所以那时候她还以为自己在喝酒呢,不知道有多得意!

后来再回头翻看这条视频,评论区大多是来"考古"的朋友,跟我分享着一路追随奶奶而来的点点滴滴;还有很多朋友就此跟我们立下了百岁之约,说等奶奶100岁的时候,他们一定要来捧场。当然,我那几条可怜巴巴、无人问津的视频,大家也很给面子地为我点赞挽尊了,哈哈。

当时视频的突然走红让我觉得,呀,原来这些在网友眼里叫反差萌。

我回忆了一下奶奶的日常,发现这种反差还真不少:一般老年人不爱吃重油、重盐的饭菜,奶奶却特别喜欢吃多油、热辣或冷冰的东西;当代年轻人苦脱发、掉发久矣,奶奶却每天摸着自己浓密的秀发感慨"它咋不掉啊";对很多人来说,接触新事物有迈出第一步的壁垒,奶奶却每次都乐呵呵地来者不拒……

仔细想想,奶奶值得"挖掘"的点还多着呢,那是不是可以继续跟大家分享这样与众不同的奶奶呢?这样不仅能记录我和奶奶的日常,还能把这份温暖与欢乐传递出去。于是,我就用一部手机开启了点点滴滴的记录之旅。这个原本以我的名字注册的账号,也渐渐地被奶奶的日常所填满,越来越多的小伙伴知道了有这样一个高龄老太太——不怎么养生,时不时吹点儿小牛,胃口还好——她叫喻泽琴。

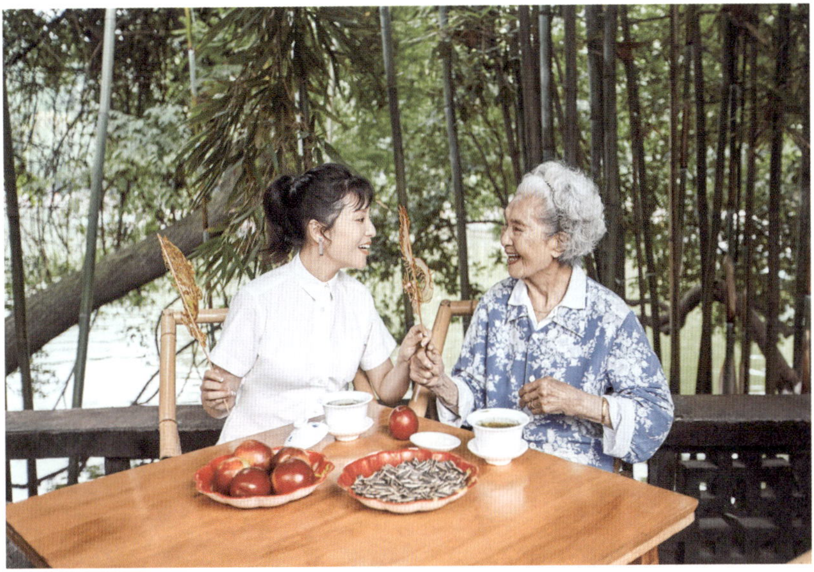

如果有"炫家长"的环节，可能有的人会说："我爷爷是广场舞池的慕容云海，会跳所有的广场舞，老太太都想做他的舞伴！"有的人会说："我奶奶是个时尚达人，每天精致地梳妆打扮，衣柜里有200套洋装！"那我可能得说："我奶奶喜欢火锅和白酒，白酒每天一杯，火锅每周一顿，肠胃好到爆炸，几乎吃遍了全成都的火锅！"

这样一比，奶奶和他们好像也不分上下。实际上，这些风采迥异、各有千秋的爷爷奶奶都是真实存在的，我的奶奶也不过是其中普普通通的一位。只不过我们有幸能把奶奶的生活记录下来，并得到了大家的喜欢。

大家都说人长着长着就老了，老了老了就变回孩子了。奶奶虽然100岁了，但在我眼中，她就是一个全家宠的小宝贝。现在，她不仅有我和家人的宠爱，还拥有了你们的喜爱和祝福。我跟奶奶说："现在有好多人喜欢你哦！"她一向大大咧咧的笑容里就会带点儿小羞涩："谢谢哦！"

当奶奶得知我要给她写书的时候，她又惊讶又开心，还有点儿不太相信："你这么厉害啊？你还要给我出书啊？"再三确认后，她又开始叮嘱我："那你要写我好的方面哦！不好的不要说，提都不要提！"这个爱面子的老太太！

总之，因缘难言，于这大千世界得缘相识，伴着走这一遭，无论是视频结缘的小伙伴,还是此时能读到这本书的朋友,昀恩都在此谢过了。祝愿天下的老人们喜乐安康,也祝愿每一位友人能在有限的时光里努力爱我们想爱的人。

蔡昀恩

滋味人间

044 奶奶是慢慢变得有趣的

050 酒嗨嗨进化史

060 家有好吃婆

此生尽兴

076 人生第一次

082 战术大师

092 老戏骨和大天真

目录

往事知多少

- 002　喻家有女初长成,养在深闺人尽识
- 006　躲过了包办婚姻,却没躲过一见钟情
- 014　家人亦良师
- 018　啥子是爱情?有老头儿就有爱情嘛!
- 028　自封「针灸大师」,确实有点儿本事
- 036　想念,是将你放在心底

岁月带走青春模样,
让我陪你白发苍苍

156 我人生的节点,每一节都想与你有关

170 盛世长歌百岁人

184 最不善于social的网红

190 邻居眼中的二娘

谢谢你爱我,
往后余生换我来宠你

若天闲事挂心头,
便是人间好时节

104 发量富翁

110 热水洗脚,当吃补药

114 万事切莫挂心头

120 人生啊,就是一顿又一顿的饭

126 睡一觉,吃饱饭,明天又是光芒万丈的一天!

吃好点儿,看淡点儿

138 闲事少管,走路抻展

142 专注自己,悦纳他人

148 人生哪得多如意,万事只求半称心

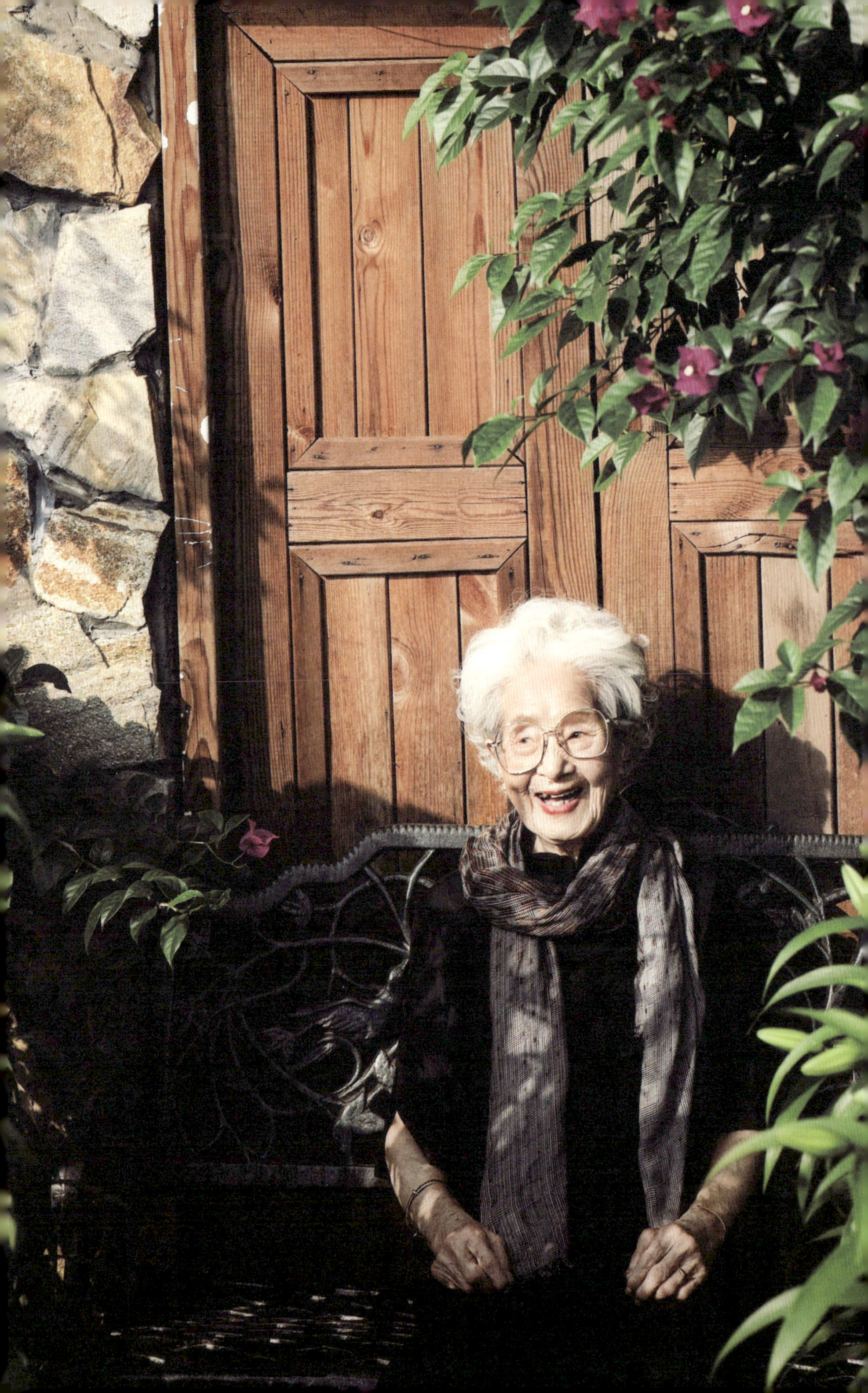

往事知多少

喻家有女初长成，
养在深闺人尽识

人 REN
间 JIAN
滋 ZI
味 WEI

　　1920年11月2日，厚重的云层堵住了冬日里的阳光。自贡的冬天从来都是阴冷湿润的，街道萧瑟清冷，少有人在外行走。

　　那年的11月发生了很多件大事：陈独秀主持起草了《中国共产党宣言》；《共产党》月刊在上海创刊；孙中山偕同唐绍仪、伍廷芳等离沪去粤，重组军政府……

　　这些大事皆与喻家无关，此时的喻家

正处理着自家的大事。

这一日,整个四合院的气氛与往日不同,空气中多了一丝紧张和期待。喻焕荣在产房外焦急等待,妻子陈氏已经在里面待了18个小时,一点儿动静也没有。车夫、伙夫、打杂的、丫鬟也跟着悬吊起一颗颗激动的心,在四合院里为喻家第三个孩子的出世忙得晕头转向。

随着一声婴儿的啼哭,产婆报喜道:"是个妹妹!"喻焕荣激动地告诉院中的小朋友们:"喻泽万、喻泽贵!你们又添妹妹了!"这时的乌云裂出一道缝隙,阳光照进了喻家大院。

守在门外的喻家人都松了口气,喻焕荣兴冲冲地走进房间,抚慰了产后的夫人,又把喻家老三看了一遍又一遍。

"这个女娃儿长得秀气!"家里人都这样说。这个长相秀气的女娃儿便是后来我的奶奶,喻焕荣是我的曾外祖父,他给奶奶取名"泽琴",寓意"温润而泽""琴遇知音"。

虽说奶奶有一个哥哥和一个姐姐,排名老三,但在家里的女孩儿中,她是老二,所以家里人都管她叫"二小姐"。

那时喻家家境优裕,丫鬟里有负责煮饭的,有负责梳妆的,打杂的、伙夫、马车夫一应俱全。每人各司其职、互不交叉,也算得上锦衣玉食之家了。

曾外祖母陈氏温良恭俭，为人恬静温婉，此生一共生养六个子女，六个子女皆平安长大。在那个年代，这并非一件容易的事情。

曾外祖父母的感情甚好，平时陪伴子女的时间很多，所以二小姐性格外向开朗，愿意与人交流，也不认生。她从小便讨人欢喜，走到哪儿都能跟人叽叽喳喳聊上两句，高兴了还会唱起来、跳起来，在喻家上上下下很是吃得开。

"喻家二小姐"的名号在牛佛镇回龙乡那可是响当当的，家家户户都认得这个扎羊角辫儿的小女孩儿，随处都能听见她那银铃般的笑声。快乐是会传染的，整个喻家都充满了欢声笑语。

好景不长，待二小姐长到4岁时，她便被家里要求缠足。曾外祖母也极不愿意让心爱的女儿遭此大罪，但是那时女人"三寸金莲"是天经地义的事情，没什么反抗的余地。她自己也是裹了一双小脚，走路的时候颤颤巍巍的，走快了就会摔跤。哪怕在家里再受宠爱，该来的终归是躲不过。4岁的娃娃什么也不懂，稀里糊涂地被缠了足。那时候，女性一般从四五岁起便开始缠足，直到成年骨骼定型后方将布带解开，当然也有终生缠裹者。

二小姐被缠得哇哇大哭，下床走路都困难，每天夜里钻心地疼，根本睡不着觉。就这样缠了好几个月，二小姐天天度日如年。

就在1924年，军阀杨森执政成都。新官上任三把火，第一把火烧的，就是这妇女缠足的陋习。在成都被废止了的习俗，四川其他地方自然也跟着效仿，家里这才给二小姐松绑，保住了她的双脚——至少她还能正常走路。但由于当时缠得太用力，小小的脚还是被挤变形，留下了伤筋动骨的后遗症。现在看奶奶的脚，会发现她的脚尖尖的，被裹成了三角形。

如今 100 岁了，她都还记得那时裹脚的滋味："那才不是人该遭的罪哦，那么小个脚，不让你往大了长啊！裹得里三层外三层的！还很臭！"现在，奶奶习惯穿一双柔软的老北京布鞋，再搭配一双软乎乎的厚袜子——她才不管三七二十一呢，现在是咋个舒服咋个整。

躲过了包办婚姻，
却没躲过一见钟情

我的爷爷叫蔡都仁，他出生在成都很有声望的中医世家。这中医世家牛到什么程度呢？且听我慢慢说来。

蔡家人是解放前来到成都的，那时候，我的曾祖父蔡玉林和曾祖母蔡继林（曾祖父去世后，曾祖母改名为蔡继林，以示继承丈夫的遗志）都在成都行医，夫妻二人主要做针灸。因为医术奇绝，我曾祖父成了刘文辉的私人医生，一个月工资80块钱，相当于当时省委书记的待遇,即使在乱世,全家人也过着丰衣足食的生活,衣食无忧。

如今,家中长辈们常常坐在一起扇着蒲扇摆龙门阵:相传,在解放前人民公园的动物园里,有只老虎长期生病,当地兽医来了一拨又一拨,有的胆小不敢进去,有的学艺不精,不知从何下手。总之谁都没瞧出个什么名堂,众人都眼睁睁地看着老虎日渐消瘦,奄奄一息。

动物园园长实在没辙,托人四处打听,最终请到了我曾祖父。要不说艺高人胆大,胆大艺更高呢,曾祖父二话没说就把此事应承了下来,只身一人深入虎穴一探究竟。

那时老虎病了许久,早没了战斗力,看着人过来也没什么反应。曾祖父用了所有人都没有想到的古老方法——烧艾火。起初园长并不认可这种做法,但是一想到那老虎的病症早就让大家束手无策了,那不如就"死虎当活虎医"吧。

结局自然不用赘言,曾祖父硬是用烧艾火的方法把将死的老虎"烧"好了,动物园的那只老虎也真正成了一只生龙活"虎",很多年之后才自然死亡。园长自此对曾祖父佩服得五体投地。

我想如果当时有热搜,曾祖父一定是当天排行榜第一名。

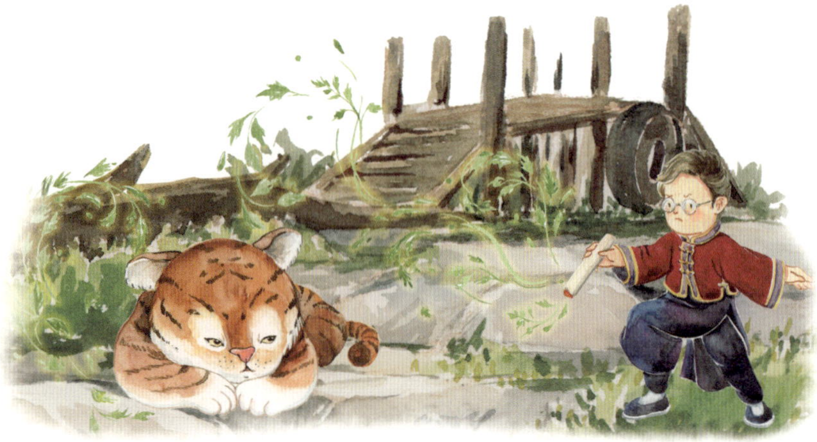

曾祖父有一个外号，人称"蔡善人"——他给穷人治病从不收钱。他的病人后来都成了他的朋友，逢年过节都会往家里送玉米、红薯、核桃等，再聊上好一阵子的星星月亮、人间理想。

奶奶对曾祖父有一种追星式的崇拜，她常说："可惜我公公走得早，他的针灸技术我连一半儿都还没学完，他就两腿儿一蹬走了。"

一提到她的公公，奶奶就口若悬河："那个老头子才不得了，医过老虎，还把死人医活过，哪个他都医得好！医得巴巴适适（意指很好、舒服）的！"说得曾祖父宛如华佗再世、扁鹊重生一般。对此我们已经见怪不怪了，奶奶经常这样吹牛，她的话水分重得很。

曾祖父的善良和聪慧遗传给了我爷爷。

那时的爷爷也才10多岁，高高瘦瘦，正读高中。爷爷多才多艺，二胡、国画都极为拿手，用奶奶的话说就是："书不好好读，空明堂搞得好！"

爷爷读高中时，书包里装的全是国画，还真就没有一本正经教科书。因为擅长画麻雀，所以他有一个外号叫"蔡麻雀"。

"蔡麻雀"在班里的人缘不是一般地好，跟谁都聊得来，同学们也都愿意"帮他"。比如借作业给他抄，迟到了帮他打掩护什么的。

就像经典爱情电影里演的那样，男主角身边总是有一个神助攻的角色，帮助他追求女神。

年少时，爷爷的身边也有这样一个死党，一心想要撮合蔡都仁和喻泽琴在一起。经过这位热心同学的牵线搭桥，读高中的爷爷第一次见到了奶奶。那是在奶奶富顺老家一家充满油烟味儿的川菜馆里，两个年轻人面露羞涩。

就是那一眼，定下了他们下半生的姻缘，"蔡麻雀"的心也被喻小姐牵走了。

奶奶现在还记得那位牵线搭桥的"眼镜儿同学"："搞忘了叫啥子名字，反正就是白白胖胖的，戴了副眼镜儿。"

年轻时的奶奶是个大美人儿，五官秀丽、气质端庄。从此，爷爷再也没有正眼看过其他女人一眼，心心念念的都是那个叫"喻泽琴"的女孩儿。

爷爷也真够实在的，自打一见钟情后没过多久，他就领着一众人等来到了自贡的喻家四合院，准备了一大箱银元，抬着箱子去了喻家，敲锣打鼓地用八抬大轿将奶奶接到了成都。

极其浮夸！

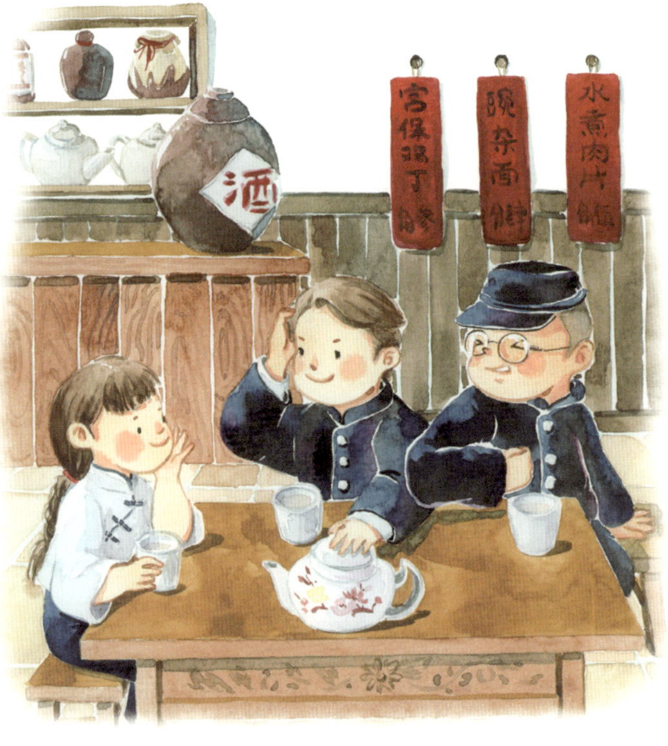
酒
宫保鸡丁
豌杂面
水煮肉片

奶奶 52 岁

（摄于 1972 年 4 月，南京）

  蔡家的长辈甚是喜欢这个乖巧可人又有灵气的喻家二小姐，便想着教她学医。这可高兴坏了一心想要见识广阔世界的二小姐，一来，她从不是一个瞻前顾后的人，二来，她也想要去大城市开开眼界，所以二话没说就应下了这门亲事。说干就干，喻小姐绣了几天几夜的花，亲手制了门帘，就这样做成了自己的嫁妆。

  曾外祖父母虽有万般不舍，却也不愿束缚爱女，给她添足了嫁妆，为她送行。用奶奶的话来说："我妈妈那个时候还是要看名气的，啥子钱不钱的都是次要的。主要是因为当时蔡家很有名望，我妈妈才放人的！"说完就捂着嘴发出她独创的罐头式笑声，瞧着相当得意。

拜别了自贡的父母亲人后，喻家天不怕、地不怕的二小姐坐上了爷爷为她准备的八抬大轿，高高兴兴地北上，颠簸几天几夜来到了成都。自此她住在蔡家，开始跟着婆家学习针灸。那时的她也没有想到，下半生80多年的时光里，她会与成都纠葛在一起，在此地生根发芽，枝繁叶茂，儿孙满堂。

十多年后，这位人见人爱的喻家二小姐生下了我的大姑妈、二姑妈、三伯父、爸爸和五叔父，又过了几十年，她成了我的奶奶。她陪伴我、教育我，送我出嫁，看我生子，成了我此生最为牵挂的一个人。再后来，她成了某音上坐拥600多万粉丝的搞笑网红，无数小粉丝都亲热地叫她"奶奶"。

家人亦良师

蔡家最早住在成都桂花巷,自打住进蔡家后,小喻同学便心无旁骛地跟着婆家钻研针灸,初学时需要读的书籍堆起来比她人还要高。她也很是勤奋,用现在的话说,就是一个典型的事业型女性,浑身上下憋着一股不服输、不求人的劲儿。

曾祖父、曾祖母的眼光也是毒辣,只看一眼就知道,这个喻泽琴是不可多得的好女孩儿。她性格温柔开朗、善良贤惠,还能吃苦、肯学习,总之老两口儿觉得不少优良品质在喻洋琴同学身上都展现得很鲜明,是个学医的好苗子。

那时天还未亮、鸡刚一打鸣儿,奶奶就会起床看书。因为是初学,一切都得从头开始——书一本一本地啃,医术一句一句地学,穴位一个一个地背——至于其他的事情,她不关心,也不在乎。

那种专注哪怕到了现在也能找到蛛丝马迹。

100岁的她在家里玩儿魔方,玩儿得那叫一个天人合一、"六亲不认"。只要没人强行打断她,从早上睁开眼睛一直到晚上睡觉,一个魔方她可以玩儿一整天。奶奶在魔方的世界里废寝忘食,哪怕一点儿成就都没有达成,她也会自信满满地告诉你,快拼好了,你别着急。

有好几次我们发现她凌晨两点都不睡觉,躲在被窝儿里偷偷玩儿魔方。有时为了躲避我们夜里的抽查,她还会把魔方藏在枕头下面掩人耳目。待我把灯打开后,她就慌慌张张地假装睡觉,像极了小孩儿偷玩儿游戏被突然回家的家长逮个正着的样子。于是我们只能暂时没收魔方,只允许她在规定的时间内玩儿,真的跟哄小孩儿一样。

不过我想,奶奶年轻学医时那股不顾一切的钻劲儿,大概就如同玩儿魔方的样子吧。

奶奶的公公蔡玉林（左）、婆婆蔡继林（右）

    对于奶奶来说，婆婆既是家人，亦是良师益友——引她走上行医之途，教她做人之道，授她医者仁心。

    一直以来，婆媳关系也是奶奶津津乐道的话题："我好会为人（处世）嘛！我们婆媳关系好得很！"说最后三个字的时候，奶奶的鼻子、眉毛会皱在一起，笑得假牙都要包不住了。

    蔡家婆媳关系处得好，说起其中的秘诀，奶奶说自己的婆婆爱美、喜欢打扮，自己就一天给婆婆梳三次头、洗三次脸、换三个造型，把婆婆哄得花枝乱颤。虽然说到此处奶奶还是一本正经的样子,但鉴于奶奶总会时不时吹个小牛的黑历史,我们姑且对一日三次造型师的技能表示存疑。

不过说到底,奶奶还是觉得待人以诚是与人相处的不变法则。奶奶待婆婆真诚坦率,愿以礼数和耐心侍奉陪伴;蔡家婆婆也爱惜她、赏识她,将自己一生所学倾囊相授。她们婆媳关系的和谐亲密,不仅仅是因为奶奶"会为人",更源自双方对彼此的开明和包容。

年轻时候的记忆一旦印在脑子里面,那就再也抹不去了。即便奶奶到了100岁的高龄,一说到穴位表,她依然能够如数家珍般地全文背诵,这或许也得归功于那时候的努力。若是这期间有人走神儿了,或者没有专心听她背穴位表,她会拍拍对方:"你认真点儿,听我背。"

啥子是爱情？
有老头儿就有爱情嘛！

人间滋味
REN JIAN ZI WEI

扯远了，让我们把镜头继续对准20世纪40年代。

由于蔡家长辈太喜欢这个准孙媳了，哪怕爷爷比奶奶小5岁，家里人也想撮合二人在一起，才不管什么姐弟恋呢。所以我们全家这种开放的心态，大抵有点儿家族遗传的意思。

待到爷爷刚到结婚的年纪，蔡家就敲锣打鼓正式将喻家二小姐迎为了蔡家的孙媳妇。虽然结婚之前,这小两口儿只见过几次面(那时都还没有"男朋友""女朋友"这种说法,大家都称呼彼此的名字),但爷爷打心底里喜欢这个新娘。有了奶奶之后,大院里多了很多生气和欢笑,很多人都被她那个独特的魔性罐头笑声传染,不自觉地跟着一起"哈哈哈"。于是,"蔡家二娘"的名号也渐渐在桂花巷传开。

那时候的爱情真是既简单又温情,两个人在一起,只要两不相厌、能接纳彼此,一牵手便是一辈子。或许对于老一辈的人来说,时间就是最美的情书吧。

值得一提的是,对于姐弟恋这件事,奶奶一直坚信爷爷是不知道的。我们曾经和奶奶调侃起此事:"奶奶,关于你比爷爷大5岁这件事……"还没说完,就被奶奶急吼吼地打断:"不晓得不晓得!他晓得个铲铲!"说罢还捂着嘴巴笑得扬扬得意。

毕竟一起生活了几十年,我们一致觉得这是爷爷"该配合你的演出我全力奉陪"的配合。人家老头儿都宠着,我们也只能让奶奶继续得意下去。

瘦瘦高高的爷爷很爱游泳,五个子女的游泳技能都是爷爷在猛追湾游泳池教会的。那时爷爷教孩子游泳的方法很是简单粗暴——直接扔下水让他们扑腾,呛几口水之后自己就会了。

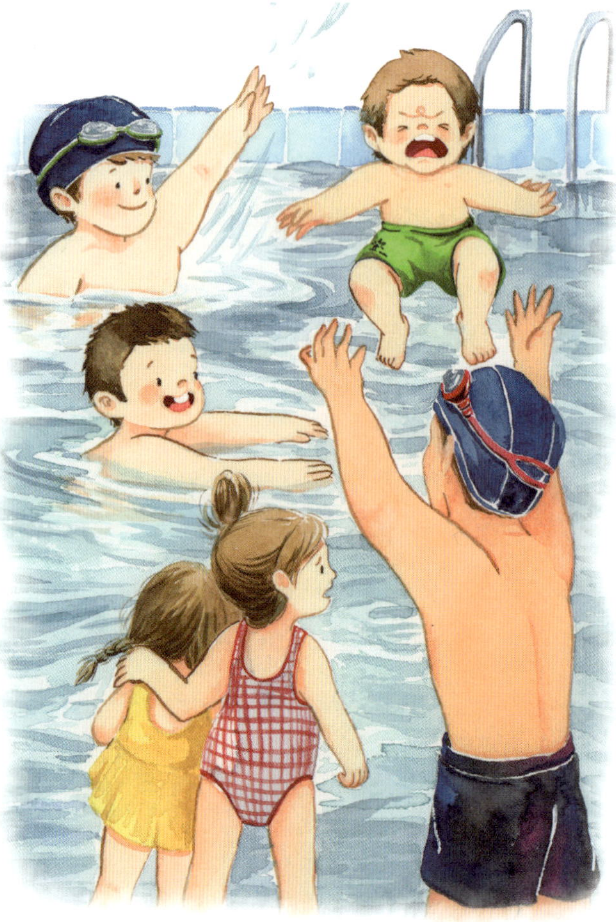

爷爷的性格也甚是开朗豁达，人缘超级好——从商人、领导到街头小贩，人人都是他的朋友，碰见谁都能聊上几句——从小到大都这样。

奶奶常说："老头儿话多得很，他就是一条板凳，走到哪里摆到哪里。"

年轻时的爷爷高高帅帅的，很受女孩子欢迎，他喜欢去舞厅或者人民公园跳交谊舞。当院长那会儿，医院里的护士们总是喜欢下班之后，在楼下喊："蔡院长！蔡院长，走，去跳舞咯！"

这下奶奶就很是不满了。奶奶不喜欢丈夫"搞这些不正经的，要跳出问题"，于是就派自己的大女儿去跟踪他。直到现在，大姑妈一提起这件事情就会哈哈大笑："我记得我跟踪爸爸到舞厅，人家确实跳舞去了，虽然他很受欢迎，好多女娃娃都找他跳，但是完全没什么新情况啊！"

被跟踪的爷爷也比较自觉，知道老婆不高兴了，就乖乖回家，之后再也没出去跳过舞。这里要再讲个奶奶的小八卦，她喜欢眉清目秀的男生，爷爷自然归在其中，再比如明星中刘德华那种，她就觉得人家长得好看，辨识度还高，喜欢得不行。当然，你要是和她当面对证，兴许她就不承认了。

好笑的是，婚后一开始是奶奶管钱的，但后来财政大权重回爷爷手里——因为奶奶实在太抠了。

从桂花巷到奶奶上班的灯笼街要坐三站公交车，为了省钱，她非要上下班都靠走路，上午一个来回，下午一个来回，一天跑四趟，说是能锻炼身体，结果把脚崴了，在家里休息了好久才恢复过来；家里的纸巾她要撕成小块来用，说是为了避免浪费，但常常连桌子都擦不干净，擦来擦去都是油，时间久了还有一股怪味道。

50年代那会儿，生活紧张过一段时间，那时实行配给制，吃多少、吃什么，都是规定好了的。但奶奶并没有因此而饿过肚子，因为细心的丈夫总是把最好的先留给她吃，再给儿女吃。

奶奶自己做菜是舍不得放油的，所以自然就没有爷爷做得好吃。听大姑妈、二姑妈说，爷爷的厨艺很好，只要下班早或是周末在家，爷爷都会下厨做饭。他的拿手好菜是红焖黄鳝——将现杀的黄鳝放进滚烫的油锅里面炸，炸得金黄时，新鲜鳝鱼的香气就已经扑面而来，再放上海椒、花椒、独蒜。吃顿红焖黄鳝简直比过年都要让人期待，馋得家里的小朋友们不住地咽口水。

二姑妈告诉我，吃鳝鱼的时候，眼睛要闭起来，一口咬下去，鳝鱼白嫩的肉里会爆出一口油汁。她强调，那时候大家吃鳝鱼的时候会努力记住那个味道，以便在没有红焖黄鳝的日子里拿来回味。

这也养成了奶奶刁嘴挑食的毛病，总是喜欢吃重麻、重辣、重油的食物。直到现在，但凡饭菜有一点儿不合口味，她就吃不下，还会干脆放下筷子"绝食"。我们一致认为，这个刁嘴的食客，都是那个时候爷爷惯出来的。

其实即便现在条件好了，奶奶也是照"抠"不误。住个酒店，她会把人家的拖鞋、香皂、牙膏全部收走，恨不能把浴衣、被子、床垫也全都搬走；在酒店吃自助早餐，那一定是以把酒店吃垮为目标的，守着自己喜欢的食物一顿猛吃，真是劝都劝不住，经常把自己吃得不舒服，回家还要吃健胃消食片；下馆子吃饭，我们从来都骗她说是免费的，这样她点菜才点得欢实，要是让她自己掏钱，恐怕底气就没这么足了。

我还记得2019年的冬天，我带奶奶到人民公园转糖人。奶奶运气超好，转到了十二生肖里面最大的那个龙。她也知道龙是最大的一个，当时她拿着糖人，高兴得合不拢嘴，不停地说："吃欺头（指占小便宜），太好了！不要钱，太好了！"但凡看了那场面的人，都能体会到奶奶这是发自内心的喜悦、身心灵合一的满意，真是太好笑了。

说起来也是神奇，这样一个抠搜的奶奶，和这样一个阔气的爷爷，明明生活习惯南辕北辙的两个人，共度半生竟是从未红过脸，也没有吵过架。每每提起，奶奶总是面露欣慰："我们这辈

爷爷奶奶的结婚照

（摄于 1945 年 6 月，成都）

子都没有拌过嘴、红过脸。"虽然奶奶平时爱吹点儿小牛,性格也比较强势,但这一点我们是信的。

"哪个做得不对就要马上说,千万不要一个人闷着,更不能生隔夜气,这样对自己身体不好,两个人的关系也坏掉了。"奶奶经常向我们后辈"传授"她引以为傲的夫妻相处之道——不要带着情绪过夜。

爷爷奶奶日常生活中就是这样,往往一个人开个玩笑,另一个就乐颠颠地跟着笑。他们相处有一个规律:只要爷爷不高兴了,奶奶就不说话了;若是奶奶不高兴了,爷爷就沉默了。总之二人绝不在情绪爆发当下那一刻多言,后续也从不互相较劲,有啥事情扭过头两个人嘀嘀咕咕就说开了,又跟没事儿人一样。这种节奏真是想吵架都难!我们经常感慨,这两个人的情商和默契,还真是比血压都高呢。

爱侣之间吵架不可怕,可怕的是吵过之后二人对待此事的情绪差异。之前看过一个笑话,意思是说,和女生吵架从来不输的男生一定是没有女朋友的。笑过之后,觉得话糙理不糙:抱一抱能解决的事,就不要言语冰冷;敞开来讲得清的事,就不要互相猜忌;当面能解开的结,就不要掖在心里过夜。用奶奶的话说,大概就是"当天的架当天吵,当天的情绪当天发",也算是另一种"当日事，当日毕，留到明朝又费力"吧！

所以如果你问奶奶"什么是爱情"，她一定会白你一眼，理所当然地回答："啥子是爱情？有老头儿就有爱情嘛！"

爷爷奶奶也正是践行此道，以对彼此的包容和坦诚，将小日子过得既滋润又平和。找一个不会让你带着情绪过夜的人共度此生，双向奔赴、包容缺点，大概是爱情里最舒服的状态吧。

前排左起：大姑妈蔡维惠、大姑父凌承筑、奶奶喻泽琴、五叔父蔡维健、
　　　　　曾祖母蔡继林、爷爷蔡都仁
后排左起：三伯父蔡维东、爸爸蔡维凯、二姑妈蔡维润
（摄于 1971 年 5 月，成都家中）

自封"针灸大师",确实有点儿本事

奶奶是个吹牛大王,东京、巴黎、伦敦、纽约……她坚信自己通通都去过:"转焦了(转遍了)的。"颇有一种已经把世界踩在脚下的豪气。然而在奶奶的地图上,这些地方大多是以家为圆心,以不超过成都为半径的地方,总之范围大抵超不出这个大小的圈圈。比如,东京位于成都春熙路的尽头:"春熙路抵拢倒拐(意思是从这里一直往前走,走到尽头再拐弯)就是东京嘛!"

山珍海味什么的更不用说，就没有她没吃过的！并且据她自己说，也没有什么她没见过的人。那种"我都100岁了，什么世面都见过"的得意真是让人笑到肚子疼。每每给奶奶录视频的时候，镜头后面的我几乎次次都笑得人仰马翻的状态，因此肺活量都增加了不少。

但她自封"针灸大师"，这个却是名副其实。

奶奶跟着她的公公、婆婆学医，本来就是师出名家。出师之后，她去到了灯笼街医院（现青羊区人民医院）做中医，因胆大心细、精通穴位而出名。给病人针灸时，很多老医生不敢扎的穴位，她都能果断下手。她常说："看准了就不要犹豫，要果断，跟做人是一个道理。"也不知道当年她和爷爷在富顺的川菜馆里是不是也是看准了才下的手。

刚出生几天的小婴儿抽风、吐泡泡、翻白眼，她一针下去就能控制，而后再慢慢调理；面瘫病人四处求医而不得，最终来到她那儿瞧病，不说百分之百，但大部分都能医好；有人得了怪病，下半身瘫痪，动都动不了，在她这儿也能得到治疗和缓解……

曾经有好几个全身瘫痪的病患被用担架抬到医院来，好几个老医生都摇头说："医得好个啥子哦！都这样了！抬回去吃点儿好的才是正事情。"

但奶奶往往是不信这个邪的,她太要强了,偏不认输,别人不敢收的病人她敢收,经过她手的病人很多都"横着进来,竖着出去"了。所以,"桂花巷的喻医生"当时在圈子里还是一个响当当的名号呢。

就连现在带奶奶出去吃火锅,每每看到端上桌的牛肉,她都会拽着我念念有词:"吊龙就是牛背上的肉,督脉中行二十七,长强腰俞阳关密……"真是拼命二娘。

"搞医的人要有硬本事,不然别个就要把你'邀'出去!"对于自己的事业,奶奶说起来总是满怀激情。工作对她来说,首先是可以拿到薪水,能够满足生活需求;其次,这期间的学习和成长,才是最令她着迷的。

奶奶总说:"先难后易,先苦后甜,都是这样的嘛!"最初只有初中文化的奶奶,毫无基础地跟着她公公婆婆学习医术,哪里会不难,哪里会不苦?但咬牙逼自己提高,才给了她改变和享受的能力。让自己变得更好,而不是挑剔条件,是我在奶奶这里学到的很重要的一课。

一说到年轻时候的事情,奶奶就停不下来,恨不得有人能搭个舞台,请她上台拿着话筒把穴位表背诵一遍。她爱显摆那些从前的成就,那是她半生的辉煌。

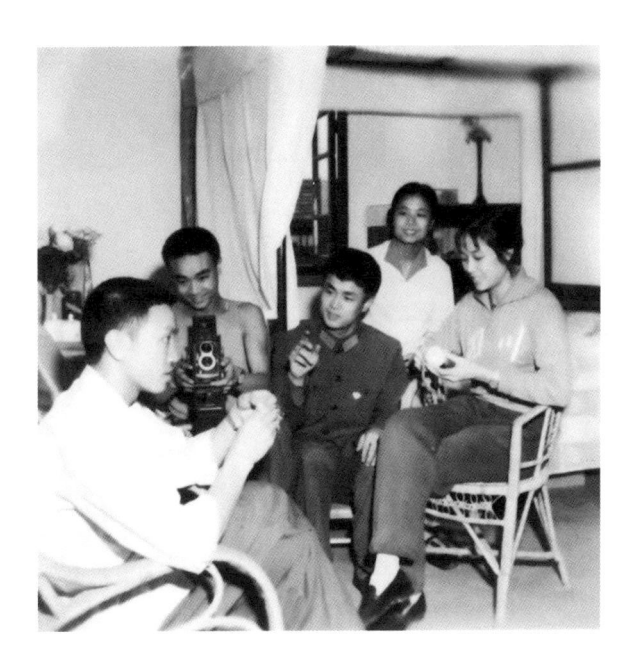

奶奶的五个子女
（摄于 1971 年 5 月，成都家中）

现在但凡家里来客，她都要热切地喊人家背一遍穴位表，人家哪里背得出来，这时候她会得意扬扬地说："你背不出来啊？那听我给你背！"然后也不管你乐不乐意听或者已经听过多少遍，就沉浸在自己的小世界里滔滔不绝，像在念经一样，让你既无奈又好笑。

当然，如果有人没有在听，她依然会认真提醒："好好听。"估计奶奶心里在想：反正你们听不懂，我背错了你们也不晓得。她狡猾得很。

经济困难那会儿，爷爷顾不上家，奶奶就一个人带着五个孩子，自己买菜、烧饭、持家，可以说真的很强悍了。奶奶对爷爷也是真的很好，只要家里有好吃的，奶奶都往爷爷那边寄，娃娃们反倒吃不上，一如有什么好东西爷爷也会优先留给奶奶一样。

下班之后，奶奶就去菜市场买菜，她会一边走路一边埋头择菜，这样回家之后菜就择好了，可以直接丢下锅去炒——节约一切可以节约的时间。现在一个家庭六个成人带一个孩子可能都会觉得精疲力竭，可那时候的奶奶一个人养育了五个孩子，她不是女超人是什么！

奶奶现在看起来像个小朋友一样爱吃、爱玩儿，可她其实是一个既勤劳又肯吃苦的人。早些时候，如果家人的衣服破了，她

就会在破洞的地方绣上一朵花;她有个用了很多年的包包,经常把偷吃的小饼饼藏在里面,即便旧了、破了,也一直不肯换。所以虽然那时日子苦,但一家人也是其乐融融、苦中作乐。哪怕是现在,奶奶在家也不会闲着,一会儿扫扫地,一会儿择择菜,就感觉她一天天地依然很忙碌。

奶奶择菜的习惯一直延续到现在,跟我一起出去吃火锅的时候,她也会忍不住拿起盘子里的豌豆尖,择出嫩的尖尖煮进锅里,还振振有词:"尖尖才嫩,老的叶叶没法儿吃,嚼不动!"

70年代那会儿,成都市西城区科学大会邀请奶奶作为嘉宾

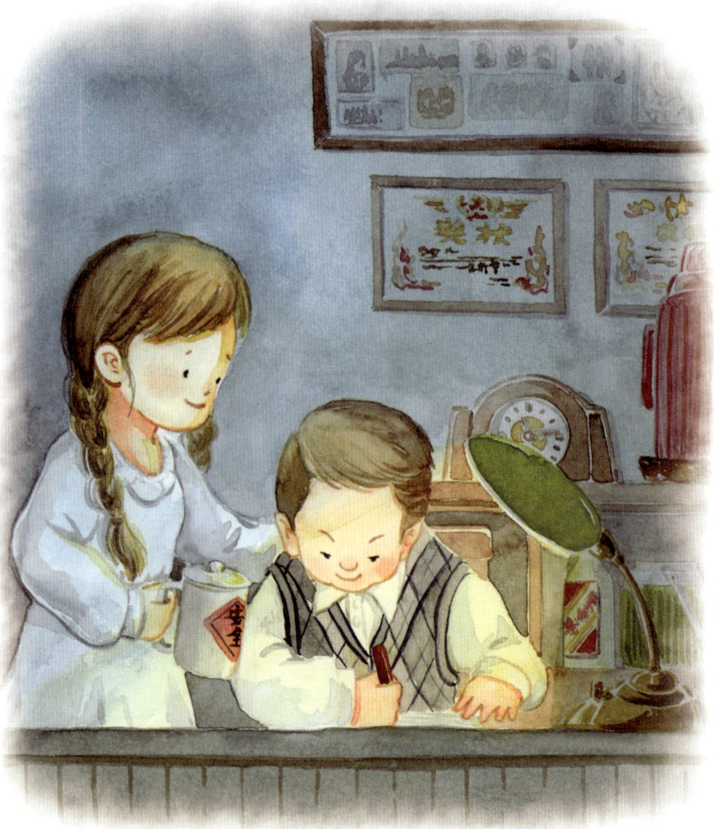

前去发表主题演讲，传授治病救人的相关知识。一直天不怕地不怕的奶奶却慌了："这个咋个整哦，我初中毕业，整不来！整不来！"一提到当时的窘态，她就这样嘲笑自己。

最后还是爷爷通宵替她写了演讲稿，反复为她调整、改稿才算顺利过关。后来奶奶又被保送到了四川省卫生干部进修学院进修。爷爷一直都很支持奶奶的事业，他喜欢奶奶在自己热爱的领域里闪闪发光的样子，并随时都会在奶奶有需要的时候挺身而出，简直男友力爆棚。

听我爸爸说，那时家里还需要专门准备几条板凳，因为有些熟识的病人会在家里等奶奶下班回家。尤其是冬至、秋分、春分、夏至这样有节气的日子，家里的"生意"就更火爆了，大家争相来家里请奶奶为他们调理身体。奶奶无论多忙都会腾出时间来给病人瞧病，渐渐地，家里就成了一个小型中医馆，热热闹闹的。

虽说是一门"生意"，但奶奶却从不收钱。病人若非要给钱，她也会趁病人临走时再把钱偷偷给人家塞回去。把病人的病医好，就是让奶奶最开心的事。她总说："这个是我公公教我的，医者仁心。"

即使这样，病人们还是会硬塞给奶奶的孩子们一些零食以表感谢，估计最开心的就是他们了。

想念,是将你放在心底

人 REN

间 JIAN

滋 ZI

味 WEI

从小我就和爷爷、奶奶、爸爸、妈妈同住在成都市桂花巷。

爷爷超级喜欢女娃娃,众多孙辈中尤其宠爱我。每当我过生日或者考试拿了好成绩,爷爷都会给我买小礼物;我想买的任何玩具,爷爷都会满足;平时若想要点儿零花钱,爷爷也从不拒绝。

爷爷就像是我的专属"小叮当",对我从来都是笑呵呵的,"宝贝"来"宝贝"去。每天我从幼儿园放学回家,爷爷总会早早地站在阳台上痴痴张望着，若是看到了我，他就会喊上一句："我们屋里头的大学生回来啦！"因而我对爷爷的感情也是最深的。

如果我不想写作业了，爷爷就会抱着我玩儿，奶奶则会在一旁叉着腰说："再惯就惯坏了，作业都不做了。"爷爷就笑呵呵地打圆场："我们就只耍一会儿，耍完就去写作业，要劳逸结合嘛！"

在儿时的我眼里，那时的奶奶相对严厉一些：不许我吃零食；要检查我的作业；我太调皮时会管教我；还不让爷爷这么惯着我，怕把我宠坏。所以小时候我总觉得奶奶太严格了，跟爷爷更亲近些。

后来，长期抽烟的爷爷因为肺衰竭而入院，住在省委商业街的第四人民医院。那时我还小，爷爷由我爸爸他们三兄弟轮流照顾。即便是这样，奶奶也寸步不离地守在爷爷身边。

在医院陪床是一件很辛苦的事情，不是谁想睡就能睡的，需要陪床家属每天晚上十点定点去领床、搭床，人就直直地躺在一张窄窄的行军床上，翻身都翻不了，早上七点则需要去还床。爸爸他们一人一晚轮着来都觉得腰酸背疼，因而大家想让奶奶回家休息，但她偏不，就要守着爷爷，爷爷也离不开她。两个人就在病床前，紧紧地相互攥着双手，双眼凝视对方。

二姑妈说："这个老太婆是在和命运较劲呢。"

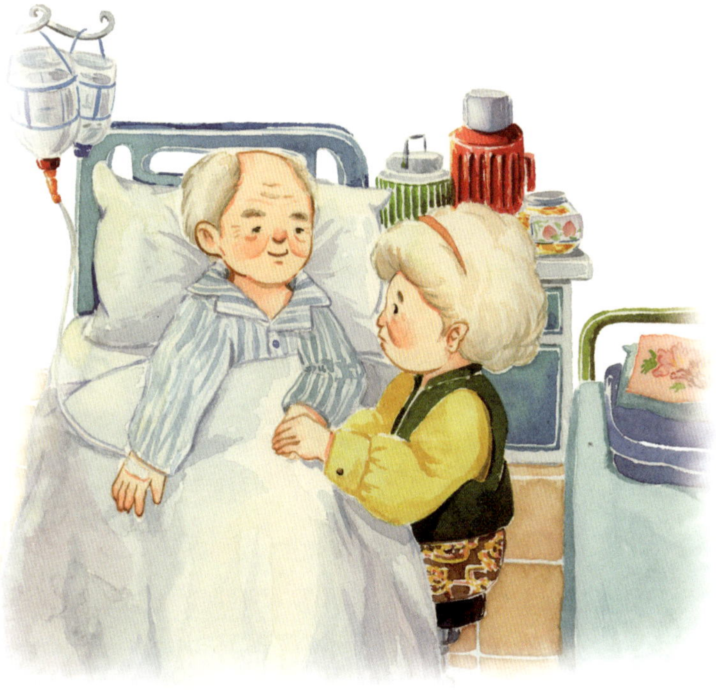

记得最后一次见爷爷,爸爸把我接到医院,那时爷爷已经说不出话,身体也几乎不能动弹。家人围坐在爷爷的病床边,我走过去时,爷爷疲惫地露出了笑脸。爸爸抬起爷爷的手腕,放在我的头上,轻轻地拍了拍。我看了看爷爷,看了看大家,有点儿不知所措,我不知道会发生什么,但却本能地感到不安。

对爷爷的爱,随着我长大而变得更加清晰。小时候不懂爷爷离开的那种感受要怎么形容,长大了才知道,这是一种即便你取得了好成绩,却再也无法与你最想分享的人言说的怅惘,好似过去了很久很久,提起来心里却总是空着一块。

爷爷离开的那段时间是奶奶最沉默的日子,家里听不见她"哈哈哈"的声音,安静了很多。那是我第一次看到奶奶哭,她擦着眼泪给大姑妈讲述爷爷临终时的情形。那也是我第一次感知到,相守一生所沉淀出来的那份情,真的好重。

爷爷走了之后,奶奶就像旅居一样,轮流住在儿女家里。每到周末,我就去奶奶家玩儿,晚上就和奶奶睡在一起。我给她按摩,她给我唱歌,躲在她怀里很温暖、很安心,像回到了小时候。

我上大学的时候,奶奶住在大姑妈家,因为我和大姐来往很多,所以看望奶奶的时间也很多。每次去看奶奶,总见她安安静静地坐在自己的房间里，专注地修补衣服；不然就是一个人坐在客厅里看电视，孤孤单单的。那时我想，或许只有全神贯注地做一件什么事情，奶奶才不会那么想念爷爷吧。

现在奶奶和爸爸住在一起，由爸爸照顾她的日常起居。爸爸饮食清淡，奶奶这张被爷爷惯刁了的嘴不干了，吃东西非要单独打个红油蘸碟，不然不吃。爸爸常被她整得哭笑不得："老年人家家，你怎么这么重口味！"

奶奶就笑笑，说道："那时候家里紧张，吃白水菜，你爸爸每次都会给我打个红油蘸碟。"奶奶爱吃重口味，可能也是因为想念爷爷在的时候的味道，想念他炸得焦黄的红焖黄鳝，想念他爱开的玩笑。

奶奶想爷爷的时候，常常会大笑着骂他："这个老头儿比我小5岁居然还没活得赢我！"又好笑又心酸。

从左至右：爷爷蔡都仁、曾祖母蔡继林、奶奶喻泽琴
（摄于1971年5月，成都人民公园）

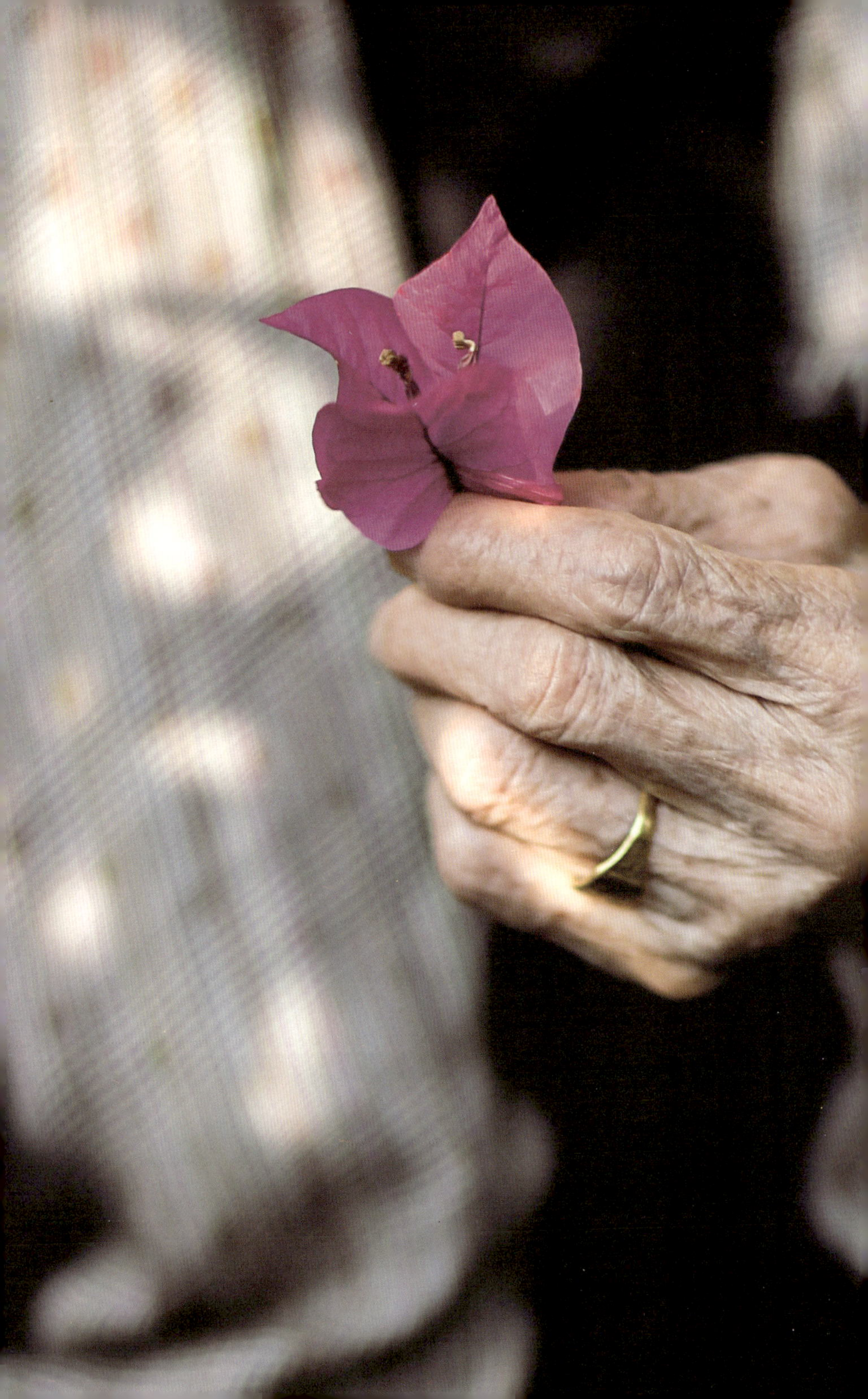

滋味人间

奶奶是慢慢变得有趣的

记得我弟弟蔡林希上小学二年级的时候，我和奶奶一起去学校接他放学，恰巧碰见这小子正在路边和同学吃炸串儿。

奶奶从前很不喜欢我们吃路边摊，怕不卫生，吃了闹肚子（虽然现在她自己天天闹着要吃串串、烧烤、火锅、糖油果子、酸辣粉、卤鹌鹑蛋、小龙虾、螺蛳粉、汉堡、瓜子、油炸酥皮花生、萨其马、面包、窝子油糕）。于是奶奶叉着腰，很大声地把蔡林希吼了一顿，那阵仗真是有点儿唬人。

这位小蔡同学好面了啊,当时就生气了,二话不说一个转身就往家里跑,谁也不理。于是奶奶拔腿就追,我又在后面追奶奶,三个人以奇怪的队形鸡飞狗跳地一路撵回家。

谁知道回家后,一家人像什么事情都没有发生过一样,平静地吃了晚饭,和顺地聊了聊学校的事情,还互道了晚安。估计这种无厘头的事情也只会发生在我们家吧!这也让我更加坚信大心脏、好心态,什么愁事儿都不往心里去,或许真的是我们家代代流传的品质。

小时候常常和奶奶生活在一起,那时并没有发现奶奶这么有趣,只是觉得这位老太太好厉害——有文化,精通中医,举止文雅,就是说起话来像开机关枪——反正就是好厉害的一位老太太。每次妈妈训我,奶奶都会超级维护我:"小娃娃不懂事,你不要对她太凶了。"但是扭过头来,她管教我的严厉程度绝不逊于妈妈,真是让我对她又爱又怕。

奶奶管教我的时候,那可完全不是像现在这样的孩子气,颇有冲冠一怒的阵势——她会把道理列成一二三四给我扯得明明白白,再加上她超快的语速,数落起来完全不结巴、不卡壳,我根本没有顶嘴的分儿,话都插不进去,只能哭。

但是现在奶奶和我出门逛街,我真像是牵了一个 100 岁的宝宝，什么东西她都会觉得新鲜、有趣，没见过的景致要看一看，没吃过的东西要尝一尝，没玩过的东西要摸一摸。

带她去喝小酒，她号称自己只喝白酒和烧酒，结果硬是点了一桌小吃，什么钵钵鸡、糖油果子、汤圆、炸鸡、薯条、抄手，整了满满一桌，我们祖孙两个吃得撑到不行。吃字当头，她好像已经忘记了进门时关于酒量放下的豪言壮语了。

长大后，很长一段时间里，奶奶搬去了广东顺德和二姑妈一起住，我也就没再经常和奶奶见面。2012年去顺德探望奶奶时，我发现奶奶讲话开始变得很有意思，牙尖嘴利中又带着一丝稚气，不给好吃的还要赌气，跟儿女之间有耍不完的可可爱爱的小脾气，过几秒钟又会"哈哈哈"笑得很大声。

再后来有了微信，我们就常常视频聊天。和奶奶视频，你必须要和她抢话说，见缝插针地说，不然她根本不给你发挥的机会，自己一个人就有说不完的话。而且通常她都会说着说着就跑题了，回回都是东拉西扯。搞笑的是，奶奶的嗓门儿很大，和她视频你不仅要在语速上精准把握时机，还要在握住机会跟她抢话说的时候气沉丹田，有时候嗷几嗓子都不稀奇，否则根本盖不过她的声音。老太太的肺活量实在是太好了。

她和她的曾孙女打电话时也是这样，小乖叫她"老婆婆"（奶奶不喜欢人叫她"祖祖"，说是把她叫老了），她就会顺着"老

婆婆"背一首童谣出来:"老婆婆在卖茶,三个观音来吃茶……"等她背完童谣,她也差不多忘记了正在给曾孙女打电话这件事,挂了电话扭头继续看她的戏曲去了,电话那头的小乖更是一脸蒙圈。

每次和奶奶视频结束前,我都会叮嘱她,要照顾好自己的身体,少喝酒,少吃点儿零食,注意肠胃,她就会回我:"谢谢你哈,你也是。"像极了一个有礼貌的小孩儿,即便我知道她从来不会听话。

奶奶特别喜欢说"谢谢你哈",她不喜欢麻烦任何人,所以平日里凡事她都要亲力亲为。如果我给她端了一杯水,她一定会笑嘻嘻地跟我说："谢谢你哈，你也喝嘛！"活脱脱一个乖乖的老小孩儿，我想这也是大家都喜欢和奶奶相处的一个重要原因吧。

曾经，有朋友问我该如何与家中的老人交流，说每每与老人聊天，总是说了上句就没有下句了，感觉有点儿尴尬。并且正因为觉得没话聊，也逐渐降低了给家中老人打电话的频率。和老人家聊天应该聊些什么，能有什么话题，好像困扰了很多年轻人。

我想说，好好珍惜这些能跟爷爷奶奶那一辈的老人相处的时间和机会吧。其实只要你愿意说，无论说什么，哪怕是他们听不懂的东西，他们也都愿意当那个捧场的倾听者的。

记得有一次我正在打手机游戏，双手点着屏幕那叫一个投入。奶奶就凑过来瞅了半天，然后指着我的手机屏幕问："哪个是你啊？"我努了努嘴："就这个，是个奶妈，可以给队友补血。"正当我提到游戏角色滔滔不绝的时候，我突然惊觉：奶奶又不会玩儿游戏，她连这些角色叫什么都不知道，更不要提他们的技能了，我在这儿长篇大论一堆，她能感兴趣吗？

想着我就抬起头，发现奶奶正拄着拐杖站在我身旁，一脸的兴趣盎然，见我抬起头，她还笑眯眯地点头评论道："这个真好看！"

也不知道为什么，那一刻我脑海里过电影一样地想起了前几年她自己一个人在院子里坐着的背影，突然眼泪就下来了。我不知道自己怎么突然就矫情起来了，或许是明明什么也听不懂，却努力捧场想要了解我的世界的奶奶，在那一刻深深地触动了我。自那以后，但凡跟奶奶在一起，除非是拍摄的时候，我都会放下手机，让自己多陪她说说话、谈谈心。

我想，其实老人家一点儿也不贪心，他们没什么想要的了，最想要的，也不过是你能多陪陪他们而已。让他们多一点儿你人生的参与感，多跟他们分享一些"无聊"的事，多说说没用的"废话"。就算没办法经常回家探望和陪伴，一个短短几分钟的电话，也是很温暖的慰藉了。

酒嗨嗨进化史

人 REN
间 JIAN
滋 ZI
味 WEI

酒逢知己干杯少

大家都知道，最初奶奶"火起来"，就是因为一条喝可乐的视频。现在你们也知道了，已经能清晰地区分饮料和酒的区别的奶奶，早已经抛弃了可乐，官宣白酒才是她的真爱。

早在 2018 年 12 月的一条视频里，当问起现在最爱喝什么的时候，奶奶就这样坦荡地笑着否定了过去，满心满眼的白酒，还暗搓搓地说烧酒也巴适,可乐奶奶人设一秒崩塌!

关于白酒,我曾经问过奶奶为什么爱喝,奶奶说:"饮料劲儿太小,没喝头。"其实奶奶年轻的时候就会喝点儿小酒,可惜家里人除了奶奶自己,其他人都不太好这口,因而能陪她喝酒的人不多。奶奶也是从这几年才开始贪杯的,提到这个,就不得不说说此事的渊源。

2018年奶奶生日的时候,晓波叔叔带了一瓶白酒来给奶奶祝寿。生日聚会上,晓波叔叔端着白酒信誓旦旦地告诉奶奶,现在大家都流行喝白酒,并与她小酌了几口,奶奶觉得甚是尽兴。

从那之后,我就再没见过奶奶喝可乐,而是贪上了白酒,每天都馋馋地想要小酌上一杯。

我问奶奶为什么不喝可乐改喝白酒了,她回答得很是正经:"我看晓波都喝白酒了,说明现在年轻人流行喝白酒,不是可乐。"

自此,可乐被奶奶无情地打入了冷宫,白酒荣升为喜爱榜的第一名,其次是烧酒。所有的碳酸饮料在奶奶的世界里都不配拥有姓名了,也不知道是喜是忧。

晓波叔叔的性格和奶奶最像,所以奶奶和他关系很好,平时念叨他也最多。每逢闻到白酒的香味,被勾起馋虫的奶奶总是会颠三倒四地问上一句:"晓波在不在?晓波哪?哎呀!晓波是个酒嗨嗨(指的是喜欢喝酒的人)!"真是不知道谁才是馋嘴的酒嗨嗨!

奶奶和晓波叔叔喝白酒是要用啤酒杯的,倒不是真要喝这么多,而是她总觉得用大杯子才够爽快,大有一种"酒逢知己千杯少"的万丈豪迈。

但晓波叔叔可是她在家里唯一惹不起的人——晓波叔叔实在太能喝了。奶奶这点儿三脚猫的功夫在晓波叔叔面前根本不是对手,当然,奶奶心里也很清楚自己的实力,所以每每举杯时,她都会委婉地表示:"喝高兴就好,我们点到为止!"这是典型的奶奶式"打不赢就跑"哲学。

劝君更尽一杯酒

奶奶是天生自带幽默细胞的,这一点从她喝醉后的状态就能看出端倪。

你们应该还记得奶奶喝了两口小酒后飘飘欲仙的样子吧——身体晃晃悠悠,嘴上说着没醉,脸其实已经很红了。每次奶奶有酒喝的时候都会很高兴,这一般也是家里人在聚会的时候。

每次家里来了客人,可能人家一进门屁股还没坐热,奶奶就

和酒友晓波叔叔吃饭,奶奶拿出了最喜欢的五粮液

张口闭口地问人家喝不喝酒。毕竟在喝酒这件事情上,奶奶还是比较孤独的,因为一大家子人都不会喝酒,对此也没什么兴趣,所以以往奶奶的酒友就只有晓波叔叔。

在奶奶眼里,晓波叔叔就是个酒嗨嗨,所以每次晓波叔叔一来,奶奶就会特别高兴地拉着他喝上一杯。如果在聚会的时候没有找到可以一起喝酒的人,奶奶总会提起晓波叔叔:"酒嗨嗨的嘛,下次喊他来喝两口。"言语间颇有些惆怅的味道。

奶奶总是喜欢把喝小酒挂在嘴边，无论去哪儿吃饭都想要喝上两口。并且奶奶对自己的酒量还谜之自信，每次给奶奶倒酒时，她都会在旁边监督："多倒点儿，多倒点儿！酒瓶瓶里头没装好多酒，只是瓶子重！"最后她喝得满脸通红、满嘴酒气，还要硬逞强说自己没有醉。

但是你们可别就以为她是个酒鬼奶奶——她只是个爱喝酒的馋嘴奶奶罢了，因为喝来喝去奶奶也就只有一小杯的酒量而已。

我曾经很好奇，奶奶每次吆喝客人喝酒时都是那么豪迈的架势，实际她到底能喝多少呢？于是，在一次吃饭的时候我指着一个小茶杯问她："奶奶，这么一杯你能喝完不？"结果奶奶这次很是谦虚："喝不到，但我还是喜欢喝。"

那个杯子可不是装饮料的那种长杯子哦，就是咱们去饭馆吃饭时，矮矮胖胖的用来装茶水的杯子，个头儿其实小得很。

我听了以后着实"崩溃"，你说一般喜欢拉着别人喝酒的人，不说能喝翻别人吧，至少也得是能对瓶吹的水平吧？可我的奶奶，真的是我见过的唯一一个明明自己酒量贼差劲，却依然喜欢呼朋唤友喝酒的人。

在喝酒这件事情上，奶奶出乎意料地有原则——平时她只要喝到了一定的量，无论别人怎么劝她，她都不会再多喝一口了。

真是一个懂得节制的爱酒人士,这一点值得发扬光大。

当然,这个爱酒人士往往喜欢一直给别人倒酒、劝酒,妄图用这样的方式来掩饰自己酒量一般的事实,顺便显示自己的好客与豪迈。

少数民族有丰富多彩的酒文化——假如你来到湘西,苗族朋友便会拿出自家亲自酿制的美酒来款待你,你肯定会被他们的"热情"灌醉;哈尼族有喝街心酒的传统,每到节日来临的时候,大家摆酒庆祝,百十来张桌子排在宽阔的街心,一场街心酒宴席就办起来了——我估计把奶奶放在任何一个喜爱白酒的民族里,她那点儿酒量在人家眼里也就是喝了个寂寞吧!

不过有一点大家是共通的:那就是每一次举杯都是欢聚之时。我想,酒是奶奶的另一种精神食粮,它承载着老太太与家人团聚时的欢愉与期待,这大概也是为什么奶奶总说"越喝越年轻"吧——人齐了,心暖了,乐来了,一切自然舒坦。

把酒话桑麻

喝高兴的奶奶总会发生很多有趣的事情。

首先就是不承认自己喝醉了,想必这一点大家在视频中已经有所感知。

每次奶奶喝醉了，我们总会有一段似曾相识的对话。

情境一，奶奶喝酒时我们陪在旁边：
"奶奶，你是不是又喝多了？醉了哇？"
"没醉没醉，这点儿算啥子嘛。"

如果是情景二，那就是她自己偷偷喝上头了，被我们发现：
"奶奶，你是不是喝醉了？"
"没有啊，我可没有喝。"
虽然她的眼里满是真诚，但她不知道的是，自己的脸上早已爬上了一丝可疑的红晕。

喝到兴头儿上的奶奶还有个特别有趣的爱好，那就是喜欢打"野招呼"。

有一次，我看到她坐在阳台上，气定神闲地跟来来往往的陌生人打招呼，时不时地还有人停下来跟她聊聊天。最初我还在心里默默地夸赞了奶奶一番：不愧是社交女王，名不虚传。

结果凑近一看，好家伙！老太太脸蛋儿红红的，洋溢着满足又得意的笑，我瞬间明白，她这是喝醉了跟人闲聊呢，其实压根儿就不认得人家。所以有些人喝了酒能得到快感，飘飘欲仙；有些人能从酒里喝出感情；有些人呢，比如奶奶，还能壮胆，借着酒劲儿跟别人吆喝几句，真是让人哭笑不得。

笑问酒家何处有

奶奶爱喝酒，并且只喝高度酒，还喜欢每天都喝上一两口。但是我们总想着劝奶奶少喝一些，觉得酒精毕竟对身体没什么好处。于是，关于藏酒游击战的故事，开启了。

"放这儿吧。不行，她应该能看到，还是放这儿吧。"

现在奶奶和我爸爸一起住，我爸每次出门前，总是要大费周章地将白酒仔细藏好，并叮嘱奶奶："我出去一下，一会儿就回来！你不要偷偷喝酒哦！"

奶奶也会配合地乖乖点头："嗯嗯。"

结果我爸前脚刚出门，奶奶后脚就拄着拐杖开始大扫荡——甭管你是把酒藏在柜子里、抽屉里，还是电视机后面，奶奶才不吃这套，不管三七二十一，满屋子找就对了。

抬头看看柜子："这是水。"

拿起一个瓶子瞅瞅："这是红酒。"

不起眼儿的小罐罐也绝不放过："这是红茶。"

……

每次还真都能被她找到，当然了，若是找不到她还会不高兴："不晓得放哪里去了。"

有一次，我带奶奶去看牙医，随口聊起来："奶奶，这两天你有没有喝酒？"奶奶悄悄地捂嘴回答说："每天都要喝，现在没有人晓得，你爸爸也不晓得。我每天就悄悄地喝，早上起来就要喝。"说完了还得意地笑，我当时听了差点儿背过气去。

关于这件事我也想替奶奶保密，但是后来这条视频发布之后被爸爸看到了，于是奶奶的酒就被爸爸藏到了更加隐秘的地方……奶奶还不知道发生了什么，只是发现家里的酒越来越难找了。

这样的家庭游击战几乎天天上演，若是找到了，奶奶就会惬意地倒上一小杯，就着花生米，喜滋滋地饮掉。

如果被回来的爸爸抓个正着，奶奶就会使出绝招三不大法：听不清，听不见，听不懂。你批评她几句，若是急眼了，她就非说："不喝才不对！"

但你若是问她："喝白酒养不养人？"她的回答也很实在："不养人，喝白酒能养什么人，就是个爱好嘛。"

每次在饭桌上，我们看奶奶脸上泛起红晕了，就会劝她别喝了。你们猜怎么着,奶奶上头的时候可真是有点儿惹不起,一副不要我们管的样子,一边扒拉开我们劝阻的手,一边去找酒瓶继续往杯子里面倒。

往往我们都拿她没办法,后来才发现奶奶自己有数得很,还能不能喝,该喝多少,她自己拿捏得清清楚楚。再想想网友说的,劝她少喝酒的人都不一定能活到这个岁数呢!我们好像也就没啥理由再去阻挡她的步伐,索性就让她开开心心过过瘾吧!

但是最近,奶奶好像爱上新宠"汤圆奶茶"了,其实就是珍珠奶茶。

有一次我们带奶奶去吃烧烤,我在路边随手买了一杯无名珍珠奶茶给奶奶尝鲜,结果奶奶一直夸赞这个"汤圆奶茶"好喝。

奶奶第一次喝珍珠奶茶,就赋予了它一个特别可爱的别称——汤圆奶茶。最初听到这个称呼的时候我还愣了一下,但仔细想想似乎没有什么不对。什么大珍珠、小珍珠,吃起来明明跟汤圆差不多嘛。珍珠能吃吗?还是汤圆比较正确一点儿。在这一点上,奶奶始终是那个抓住事物本质的人!

奶奶喜欢一样食物总是一阵一阵地喜欢(火锅、串串除外),比如可乐,喝一阵子之后她就不感兴趣了。这次解锁了奶茶,目测接下来奶奶会爱上一段时间了。

家有好吃婆

零食大王

都说"家有一老如有一宝",我奶奶这个"宝藏女孩儿"时常会做出一些令人捧腹的事情。

奶奶极爱吃零食,如果有人问她长寿的秘诀,我猜她一定会说:"要把零食吃够!零食吃不够,你就活不赢人家!"她还自封"零食大王",得意得很。

奶奶有一个粉红色的小书包，是2005年参加一个老年活动的时候人家赠送的，她一直背到现在，洗得都掉色了。我说要给她换一个新包包，谁想她坚决不换："你也不看啥时候了！除了吃，其他的我是不会花冤枉钱的。"零食就是她的命根子。

但奶奶有一个不好的习惯，就是总喜欢饭前吃零食。一到中午或者晚上的饭点，你如果不好好盯着她，她就在家不停地吃萨其马、小饼干、蛋黄酥、瓜子、核桃……这样一来正餐自然是吃不好，前段时间奶奶还因为胃口不好饿瘦了一些。早餐之前就更过分了，要找白酒喝！如果爸爸把酒藏了起来又被她找到，她就偷酒喝，简直防不胜防。

有时候我都很纳闷儿，这个老太太是铁做的吗？这身体太能扛了，年轻人都没她吃得消！

所以出于健康考虑，爸爸不让奶奶吃太多零食，于是她就悄悄地把零食藏起来。通常奶奶会把零食藏到一个大家都不知道的地方，但转过身来连她自己都忘记藏在什么地方了。等到零食放出味道来了，我们闻着味道才能找到那些已经发了霉的零食。若是运气好，在哪天打扫卫生的时候提前把它扫出来了，我们也会偷偷藏起来。

斗智斗勇，好不热闹。

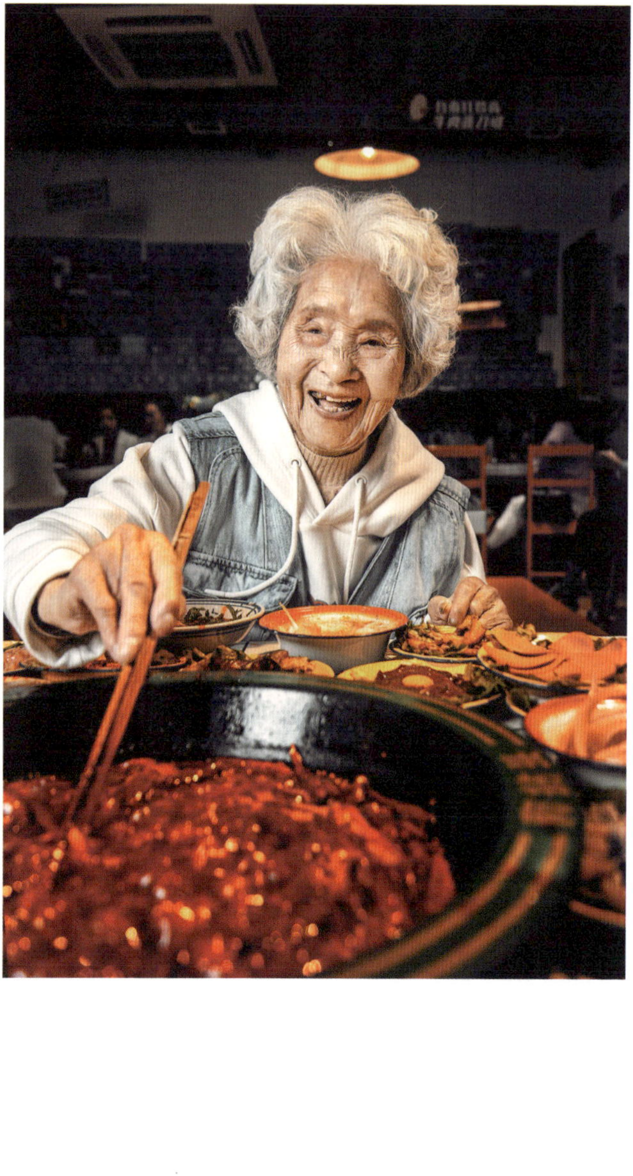

火锅女王

奶奶酷爱吃火锅,但是吃品却是有点儿不讲究:不仅会把自己身上整得油汤挂水,连她旁边的人也会跟着遭殃。

为了吃美食的时候少些障碍,前些年我带着奶奶换了一副新的假牙。在检查牙齿的过程中,闭着眼等待的老太太满心满眼都是火锅里那些不好嚼的菜品,什么毛肚啦、鸭肠啦,并且对换完假牙的日子充满了期待:"假牙有了,啥也不怕了!"

于是,换上了新假牙的奶奶将她独有的弹鸭肠吃法贯彻到底——吃鸭肠的时候不是用牙将鸭肠咬断,而是牙齿咬住鸭肠的一头,另一头用筷子固定,通过弹拽将鸭肠挣断。

奶奶吃鸭肠喜欢涮个几秒钟就下嘴,她觉得这样吃才够爽脆,涮久了就没吃头了。正所谓:"毛肚不要紧到烫,生活不要鼓捣犟。鸭肠不要紧到煮,人生难免有点儿苦……"

这样一来,飞弹的鸭肠溅得她自己满身满脸都是香油,身边人的衣服也难逃一劫。若是鸭肠太长了她就会站起来烫,夹夹扯扯间烫得一桌子都是火锅油。

有一次蔡林希被她溅得忍无可忍,揪着自己的衣角气势汹汹:"奶奶你看!你刚刚吃鸭肠,溅了我一身油,你说咋办?"奶奶咂了咂嘴,本想使出耳不听为净大法,奈何蔡林希很是执着,于是只能装模作样地将他看上一圈:"没看到油啊。"

蔡林希指着奶奶饭兜兜上的油点子:"那你看看这是啥?"铁证如山,奶奶慌慌张张地岔开话题:"毛肚好吃,腰片好吃!哎?你咋个不吃哪?"她当时目光闪烁,好像蔡林希真的要她赔衣服一样。

重口味爱好者

随着年纪越来越大,奶奶越发喜欢吃油炸食品。她喜欢吃炸得焦黄的食物,一口下去可以爆出油汁的那种。

平日里下馆子,我们点的油炸食品基本都逃不过返工的命运——重新炸一遍,炸老、炸透她才喜欢。通常一旁的服务员都会惊奇地看着奶奶,发出惊叹:"这么重的油,这长寿的老太太可真的是一点儿也不养生啊!"

其实早些时候我们也常常劝奶奶,老年人不要吃这么重口,对身体不好。她就很着急:"你晓得个铲铲!你也不看啥时候了!吃了不好?不吃才不好!"对于美食,她从来都秉持着"只争朝夕"的态度。而关于长寿,她也觉得没有什么秘诀——吃好、耍好、睡好,一切就都好。

听说我要减肥,奶奶很不屑:"减个铲铲。"

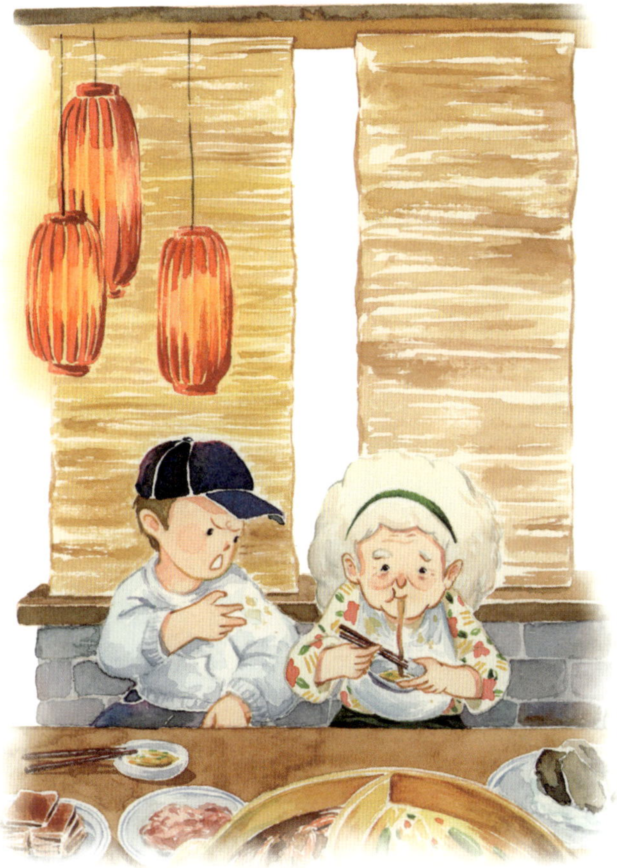

看我不动筷子，喝得小脸儿通红的奶奶给我夹了块烤鸭皮："拿着！"我看了看上面裹满的白糖，又看了看奶奶，她理直气壮："甜甜的才好吃。"

说罢又亲自给我包了个烤鸭卷，满满的都是肉，连黄瓜丝、葱丝都没有。

蔡林希发出惊叹："你这北京烤鸭，包出了一种肉夹馍的感觉。"

我吓得连连摆手："你这个太吓人了！这分明就是粽子，里面全是肉！"

奶奶才不管这些，将烤鸭卷硬塞给我："吃完了跑两圈就瘦下来了！"

不容拒绝的态度真是奶凶奶凶的。

奶奶有一个典型的"四川胃"，就连做海鲜都必须是大油大辣才行。其实很多菜系的食材是不适合重油、重辣的，但奶奶才不管，她是无辣不欢的。她常说："吃饭没有了辣椒，还不如不吃。"

几年前在广州，我们一家人去一家餐厅聚餐。人家粤菜本就清淡，尤其是汤品，更讲究营养，油越少越高级。但老太太才不管这些："这个鸡汤连油都没有，清汤寡水，有啥吃头哦？还卖这么贵！"后来非要人家端着碗去餐厅厨房，把鸡汤上面的那层鸡油舀到碗里，才心满意足地享受了晚餐，还自言自语道："你们晓得个铲铲，这个才有搞头！"

在广州，奶奶唯一喜欢的食物可能就是肥叉烧肉了，其他的粤菜她都觉得太清淡了，吃着吃着就想睡觉，没得搞头。

在青岛时，她又嫌全国闻名的鲁菜不够劲儿，在餐厅里拉着服务员叽叽呱呱："你们这个菜味道太淡了，炒海鲜，辣子、花椒、独蒜、白糖、洋葱都不给够，只放点儿大葱算啥子，开餐厅不是这样开的啊！"幸好在青岛，没人能听懂四川话，否则我们一家人怕是都要被撵出去了。

二姑妈就劝奶奶："人家鲁菜是全国都出了名的，明明就是你自己嘴巴刁，哪里是鲁菜不好吃？"奶奶很不服气，放出了她的招牌狠话："你晓得个铲铲！"

但凡觉得自己理亏，却又说不过人家的时候，奶奶捍卫自己的永远就是这一句至理名言："你晓得个铲铲！"

最让人无语的是，奶奶的口味不仅重辣，还狂爱甜食。一般来说，她的早餐是五个汤圆、一个鸽子蛋和一杯牛奶。按理说汤圆已经够甜了吧，不行，她一定要分别在汤圆汤和牛奶里各放两勺糖才行，不然就不吃。

以前我还常常劝奶奶，放太多糖对身体不好，搞不好要得糖尿病的。奶奶会不耐烦地反驳道："啥子糖尿病哦！100岁了还得糖尿病，净找些龙门阵来摆！"后来我也看开了，人呢，活得开心就好。

自笑平生为口忙

奶奶到底有多贪吃呢？

冬天入睡前，裹紧小被子躺在床上的她会默默念叨："羊肉汤好喝，喝羊肉汤要多放香菜汤才鲜；羊肉要蘸干海椒面才有味道；羊杂要趁热吃味道才不腥。我不吃羊肝，我就吃羊肉、羊肠子，得放香菜，放好多香菜，好吃哟……"念着念着就安然入睡了。奶奶在梦里数羊，应该是一只羊腿、两只羊腿、三只羊腿……

坐我车上，我提醒她："系安全带！"谁料她听成了："鹌鹑蛋？"

去熊猫基地看到熊猫吃竹子，她会联想："笋子炒肉安逸得很嘛！笋子要炒着吃才脆！"

去海昌极地海洋公园看海洋动物时，她流着口水自言自语："鱼啊，鱼就要炸的才好，油要多，油少了就不好吃了。"

在家里她还打起了家养宠物鸭的主意："炖烂了就不好吃了，煮熟了就好吃了，放花椒、海椒、料酒、白砂糖、姜……"感觉宠物鸭已经在旁边瑟瑟发抖了。

每一次在一旁录视频的我甚至能听到奶奶咽口水的声音，在她眼里，万物皆是食材，且有一套完整的食谱与之对应，哪种食材该怎么烹饪才好吃得进行严格操作，嘴刁得很。她也很有自知之明，自称"好吃婆"，形容得既恰当又精准。

奶奶不仅好吃，吃起来还足够专注。

我们一家人带奶奶去吃螃蟹。我们几个人热火朝天地摆龙门阵、冲壳子，眉飞色舞的好不热闹。只有她一个人闷不吭声，谁也不理，不焦不躁地吃了一个多小时。她一共只吃了四只螃蟹，平均一只吃20分钟，每只都吃得干干净净、仔仔细细，一点儿肉都不浪费，所有的蟹壳都可以完整地重新拼出四只螃蟹！简直令我们目瞪口呆。

对了，作为重口味十级爱好者的奶奶，吃螃蟹是不蘸醋的，她必须得蘸辣椒水才行："那个醋连作料都没得，吃啥子吃？"

说到我们家的家庭聚餐，我得偏题两句。实在好笑，吃货的友谊永远是最坚固的，在我看来，吃也是维系亲情的重要方式之一。

常言道,家中老人在,人生尚有来路;老人去,人生便只剩归途。奶奶是家里的凝聚力,她坐镇每个家庭成员心中的轴心位置,因为她,全家人每年都会聚一聚。

虽然现在奶奶的五个子女四散在全国各地,她的孙子、孙女也大多不在身边,但只要有机会,我们就会聚在一起吃吃吃:去成都吃毛肚、鸭肠、黄喉、腰片、肥肠;去广州吃早茶、肠粉、叉烧、煲汤;去青岛吃海参、烧鱼、鲍鱼、虾仁……

我们整个家族都是食肉动物,每次去餐厅点菜,全是大鱼大肉,根本没有人会点青菜。有一次,一位热心的服务员提醒我们:"大家是不是没有点绿色蔬菜?"我们很纳闷儿:葱和香菜难道不是绿色蔬菜吗?

奶奶则是"家庭食肉俱乐部"的代表,她觉得吃饭没有肉就是没有灵魂,就是一无是处,就是一文不值。

有一次,我带她去了一家素食餐厅,本想带她尝尝鲜,结果她几乎连筷子都没动,眉头拧成了一个"川"字,抱怨道:"没得肉吃铲铲!素的有个啥子吃头!"她夹了两筷子就放下了,全程把"不感兴趣"印在了脑门儿上。喝蔬菜汤的时候,奶奶两只眼睛都眯了起来,耸着鼻子像是在喝一碗中药,难以下咽。

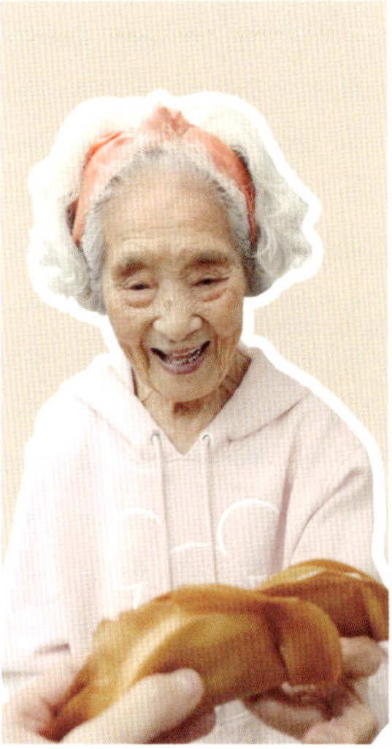
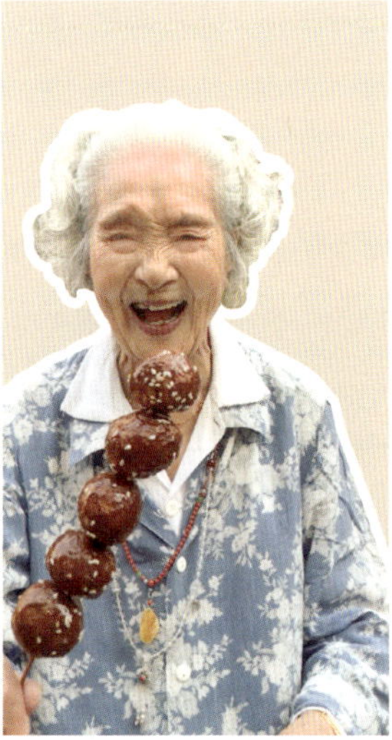
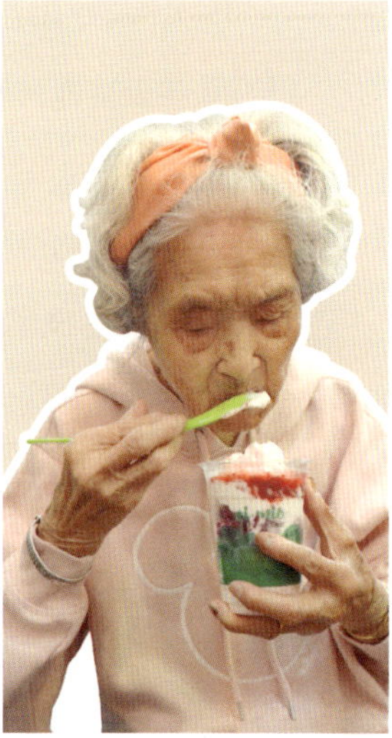
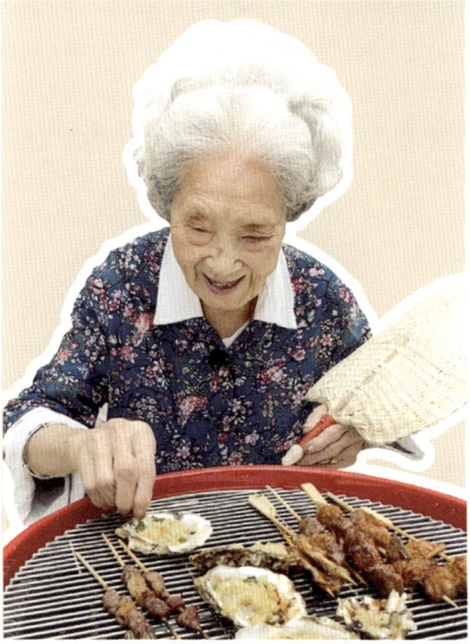
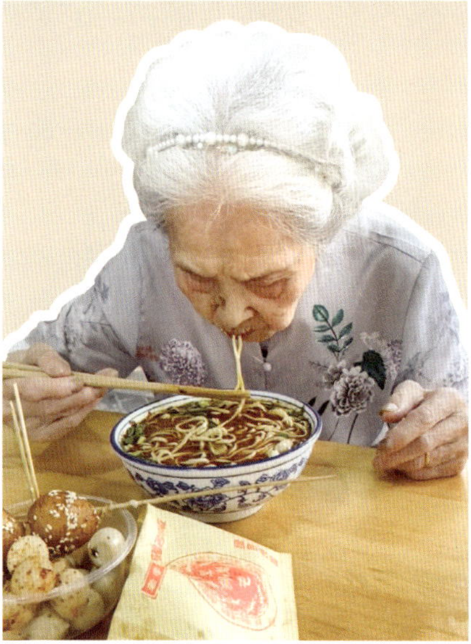

吃火锅、串串香的时候，只要有毛肚、鸭肠、小酥肉、黄喉……奶奶就欢天喜地开吃。

最近，"臭名远扬"的螺蛳粉一跃成为新晋网红单品，奶奶怎么能不赶这波潮流呢？于是我将螺蛳粉的调料包放进了串串香的煮锅里，端上了奶奶往日爱吃的一些涮品，没告诉她汤底的变化。

谁料，奶奶竟也吃得津津有味。我当时还挺吃惊："奶奶，你不觉得这个锅臭臭的吗？"

"我晓得啊，还可以。"说完奶奶低下头继续专注地涮着她的鸭肠。潜台词我算是听明白了：只要给我肉吃，啥都好说。

我认真梳理过奶奶爱吃的食物清单，发现单从她爱的食物来看，真的不应该成就一位长寿老人——什么内脏啊、油炸食品啊、甜食啊、辛辣物啊……完全不忌口。

别人老了是重养生、强保健，每天规规矩矩膳食营养；奶奶老了是老骥伏枥，志在千里，埋头干饭，做回自己。真是一个非典型性长寿案例。

奶奶 90 岁生日时
（摄于 2010 年，青岛）

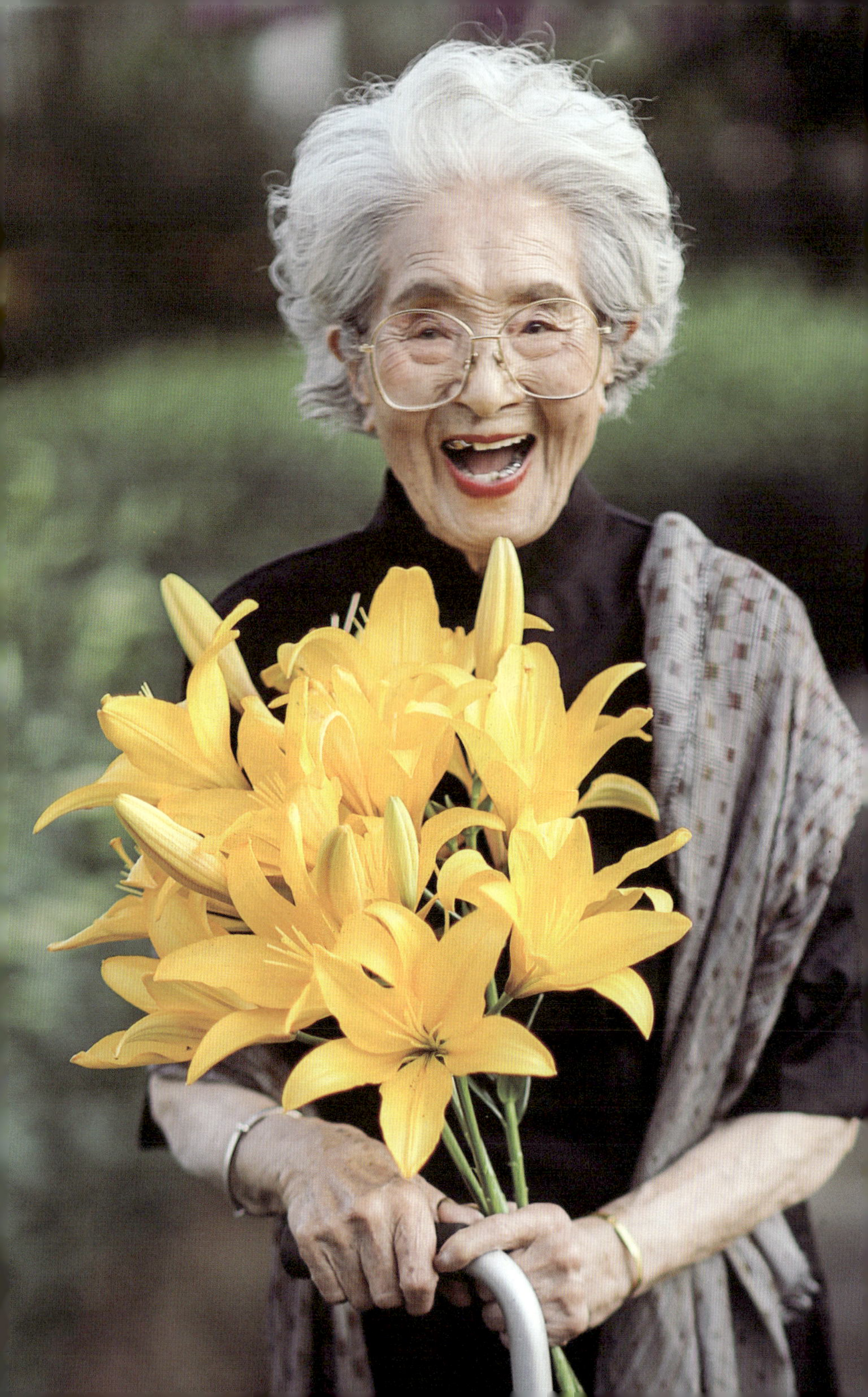

此生尽兴

人生第一次

人间滋味
REN JIAN ZI WEI

我是一个很喜欢新鲜事物的人,所以也想带奶奶体验更多年轻人流行的生活。无论工作多忙,我都会抽出时间去陪奶奶。跟奶奶在一起,看着她开心,我好像有种穿越回了小时候的感觉。不同的是,小时候是奶奶照顾我,带我玩乐,给我做好吃的、买好玩儿的;现在角色变了,100岁的她成了小朋友,而我成了那时的她。

很多朋友给我留言,说很羡慕奶奶有我们这些晚辈陪着她一起玩儿。其实,

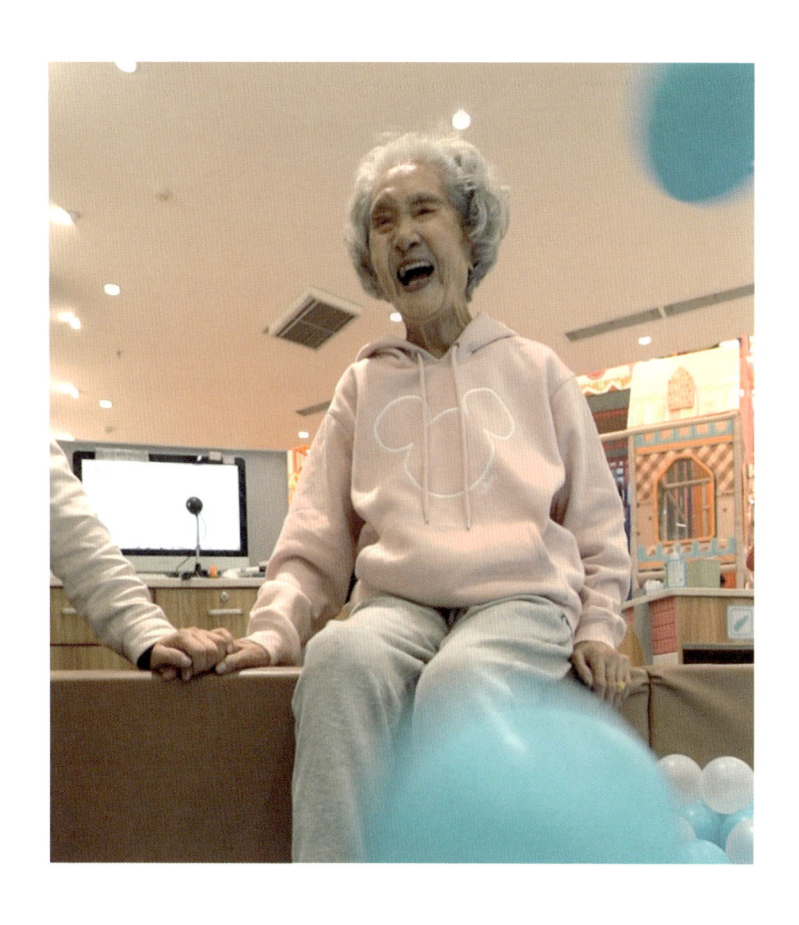

我觉得幸运的是我们——能有这样一个奶奶可以让我们陪在她身边。

　　和奶奶在一起是非常简单快乐的，吃好了、耍好了，她就高兴了。所以有空的时候我也会尽量多地带奶奶出去吃喝玩乐。

有些朋友会说，他们的爷爷奶奶跟后辈在一起时会比较拘谨，总是问他们要不要啥、吃不吃啥，而他们通常也只是说一句"不用"，所以不知道该怎么孝敬他们才好。

对此我非常理解。

其实，我也是在陪伴奶奶的过程中才发现，老年人的物质需求真的不大，他们最需要的是陪伴，所以无论你带他们去做什么事情，我相信他们都会是开心的。就像我爸妈一样，有时候我问他们要不要啥东西，基本上他们都会异口同声：不要。但是如果我买回去了，二老也是不忍心摆在杂物柜里任其浪费了的。

我年轻的时候曾给爸爸买过一件不合身的衣服，当时他没穿，我还小小地失落了一下，结果后来偶然发现妈妈把它拿来当内搭了！还有一次，我给妈妈买了一个包包，她先是嘴上说不喜欢，然后一开始也没背，结果等我再过一个月回家的时候，看到我妈正背着那个包从菜市场回来。

当时我就彻底悟了：甭管他们要不要，该出手时就出手——我不要他们觉得，我要我觉得！总之，发现他们缺啥买啥就对了，相信他们一定会找到合理的使用办法和途径的。

所以，还纠结他们喜不喜欢干吗呢，直接"霸王硬上弓"，把咱们年轻人喜欢的玩法都带爸爸妈妈、爷爷奶奶们去体验体验，图个开心嘛。

鉴于上述观点，我一直觉得如果我仅仅把奶奶当成一个老年人来看待，会有很大的局限性。所以在我大概能摸清她的身体状况可以去做什么事情的时候，我开始想在她能承受的范围内，尽可能多地带她去体验现在的新生活。

回想一下，奶奶跟着我，的确经历了挺多"人生第一次"。

第一次体验美甲，第一次化妆，第一次进游戏厅，第一次穿运动服、扎丸子头，第一次在商场那么大的阵仗下砍价……许许多多个第一次。

第一次美甲是在海底捞。当时我告诉奶奶，在这里吃饭还能免费做美甲、拿小礼物，奶奶就特别高兴地去体验。做的时候她东瞧瞧西看看，还不时点评："有些看着还是好看的嘛。"最后我想了想，还是拿捏了一下分寸，没给奶奶整五颜六色的指甲，只是干修了一下手指甲，但看得出来，奶奶还是很满意的——只要是免费的，她都爱。

第一次给奶奶用洗脸仪的时候，那东西正被炒得火热。我心血来潮，打开开关后给奶奶，告诉她这是洗脸用的。她拿着上上下下感受了一下，不甚满意："麻啾啾的。"

没想到后面体验美容仪的时候，奶奶一上来就给了我一个绝杀:"刮痂痂啊?"四川的朋友们肯定知道"痂痂"是啥东西。四川的网友是这么解释的:人好几天不洗澡,从身上能搓下来的东西就叫"痂痂"。

当时奶奶这话一说出来,我立刻就笑喷了。思路如此清奇,又为大家贡献了一个土味笑点。

但是奶奶的学习能力还是很强的,了解了大致的使用方法后,就拿起美容仪往嘴巴周围滚动,镇定自若地刮起了"胡子",顺便还把脸上的一根"杂毛"毫不留情地扯了下来。这一套操作行云流水,好不潇洒。

第一次带奶奶去海洋公园,她见着海鱼说这是泥鳅,我们生怕她要把这"泥鳅"打包带回家炸了吃掉;后来见着海龟,奶奶的美食雷达立刻开始探测:这玩意儿可以炸来吃,就是比较费油,还得多加白糖。蔡林希惊地在她耳边提醒:"你这么干是违法的!"

但奶奶彼时正沉浸在美食制作的畅想中,对此完全置之不理。成都堂堂一个4A级景区愣是被她逛出了菜市场买食材的感觉。

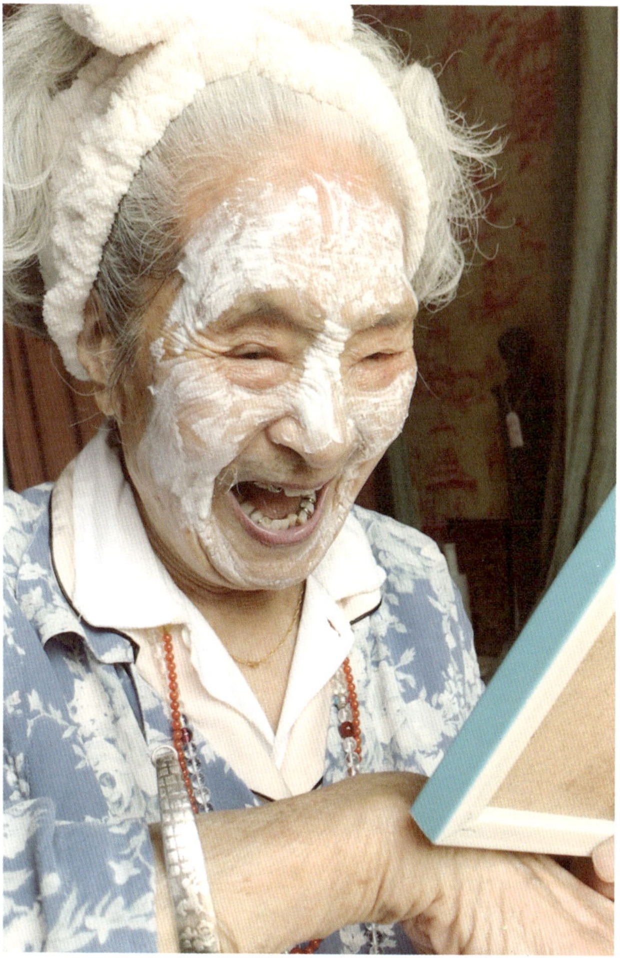

战术大师

人 REN
间 JIAN
滋 ZI
味 WEI

在带老年人出去游玩这一点上,我可以当之无愧成为一个合格的博主,因为我深谙其中的套路。奶奶喜欢的无非就几个点:人多、热闹、不晒太阳、有吃有喝,如果能和大家聊聊天那就再好不过了。

所以每次出行,我也都会尽量按这个标准去找地方,什么人民公园、火锅店、小吃街、商场等。尽管我们活动的范围也就在成都市区内,顶多再辐射到周围几十公里的地界,但是奶奶就有胆量说自己走遍了全世界。

比如重庆底下的阿联酋，比如春熙路倒拐过来提督街上的日本，再比如从没去过的俄罗斯……通通都是她白日梦的涉猎范围。

不仅仅是地理上的行万里路，在美食体验上，奶奶也绝不认输——就没有她没吃过的东西！

西餐老手

我扶着奶奶走进一家西餐厅："奶奶，你吃过西餐没有？"

奶奶眉头一皱："我吃过的东西多得很！"

我故作惊讶："西餐你也吃过？"

奶奶越发不耐烦，频频摆手："你可别说了！西餐没吃过？没哪个是我没吃过的！哪样我没吃过？没吃过的是亏！"

说罢还瞥了我一眼，好像之前的质疑是对她的侮辱一样。

结果面包上来后，奶奶憨态可掬地咂了咂嘴："馒头的嘛。"

比萨上桌后，望着圆圆厚厚还黄灿灿的比萨，奶奶笃定地说："南瓜嘛。"

我忍着笑意："奶奶，吃西冷还是肉眼？"

奶奶东看西看妄图分散注意力:"我懒得说。"

我紧追不舍:"你想吃几成熟?"

奶奶恼羞成怒:"我不跟你耍。"

风味泰国菜

一家人落座后,我例行惯例地问:"奶奶,你去过泰国没有?"

奶奶一脸得意:"去过去过!全都是金色的!"

我继续问:"那泰国那边说的话你听得懂吗?"

奶奶还是熟悉的配方、熟悉的自信:"咋个听不懂?懂得很!哪儿哪儿我都去过!你都没我走得宽。"

蔡林希在泰国待过好几年,此时他看热闹不嫌事儿大地凑到了奶奶耳边:"萨瓦迪卡。"

魔音灌耳,面对一桌人殷切的眼神,奶奶挑了挑眉:"搞忘记了,记不得了。"

日料初体验

日料算是奶奶比较谦虚的领域之一,她主动承认"没吃过",并表示很期待。

结果进店后,她先是把搁在桌边上的小碟子往里推了推:"可别打烂了。"然后刁嘴小朋友上线:抹茶不喝,有白萝卜的汤不喝,活章鱼不吃,热的酒不喝,梅子酒也喝不来……

我只得和她聊起了天:"奶奶,你去过日本没有?"

奶奶先是回想了一下,好像有点儿没想起来的样子:"搞忘记了。好像到处我都走焦(走遍)了,我是个爱走的角色。"

说罢没几秒钟,她突然眼神放光地拍拍我:"我跟你说嘛,春熙路倒右拐就是日本了!"神色颇为得意。

对此,网友的反应是:

我才晓得春熙路倒右拐就是日本。

原来我也去过日本,本人曾在春熙路待过一段时间。

对于火锅、串串才是永恒主题的四川奶奶来说,日料着实不太对她的胃口。奶奶握着筷子,对着面前的寿司挑挑拣拣——她认真地掀起了寿司米饭上盖着的那层肉,蘸着调味料吃掉了,然

后扭头用胳膊肘儿戳了戳蔡林希:"你也吃嘛,快吃快吃。"说着把吃过上层食材的寿司盘推到了蔡林希面前。

蔡林希先是不可置信:"你是不是有点儿过分了?"
奶奶浑然不觉:"我不吃啦!吃多喽!"
蔡林希指着面前纯纯的白米饭:"这是啥?"
奶奶理直气壮:"这是饭的嘛,我不吃饭。"

蔡林希崩溃："肉呢？"

奶奶望天："肉？肉都吃了嘛。"

说罢，老太太又低下头继续专心抠面前寿司上的鱼子吃。对此，蔡林希是可忍，孰不可忍："这个饭，请你待会儿不要再给我了好吗，你已经把鱼子全部吃完了！"

诸如此类，奶奶跟着我们的每一次初体验，也都给我们带来了无尽的欢乐。除此之外，在吃这一方面，奶奶还有着过人的高情商。

有一次，蔡林希心血来潮准备做一顿不一样的菜：他将紫色橄榄打成汁，以此作为炒菜的水，因而做出来的菜全都泛着诡异的蓝色调。

开饭前我问奶奶："你觉得蔡林希做饭好不好吃？"

奶奶充满期待："好吃，他会弄。"

菜上桌后，盯着眼前蓝幽幽的鸡爪子，奶奶不可置信道："咋这个颜色啊？"

蔡林希大言不惭："这是蓝色妖姬。"

奶奶犹豫了一下："蓝色的……么鸡？鸡脚都成妖精了。"

说罢毫不犹豫地推开了盘子，望向蔡林希手中的另一盘菜——炒成了蓝色的豆腐。

蔡林希继续编:"这是蓝色多瑙河。"

他先指了指盘子里的豆腐:"这是豆腐。"又指了指盘子里的水,"这是河。"

奶奶坚持虚伪地夸奖他:"弄得好,真的弄得好。"

蔡林希毫不谦虚地回应:"那你吃点儿。"然后把盘子端到了奶奶面前。

奶奶一脸不想吃却又不想太过明显地拒绝他的样子,为难地夹了一只蓝色鸡翅,过程中还强行给我夹了一只。

装模作样把食物分配完毕后,她故作慷慨地把自己那份蓝色鸡翅丢给了我,美其名曰:"我嘛,经常能吃到,你吃。"

蔡林希在一旁看穿一切,幽幽地来了句:"你们不用过于谦让,有得是。"

低情商:我不吃。
高情商:你们吃。

不管怎么说,气质这一块,奶奶拿捏得稳稳的。

在这方面奶奶就是一个战术大师:反正我啥都知道,但是我就不告诉你。

没有奶奶没去过的地方，没有奶奶没吃过的东西，没有奶奶听不懂的话。如果有，那一定是搞忘记了。

这样看来，奶奶也算是一个老弄弄子（指对某些事情随便弄弄蒙混过关的人）了，对我们提出的疑问，总是用气势加战术性沉默等高级的方式糊弄了过去。

在陪伴奶奶的日子里，我发现了一个很有意思的现象：现在好像有些年轻人在大好年华就有点儿"身未老心已衰"，很多人对世界失去了好奇心；而反观不少老年人的心态却逐渐年轻化，开始享受生活。

于后者而言，我奶奶大概是个中翘楚：她从来不把自己当老人，反而把"活他个 120 岁"和"吃遍天下美食"奉为自己的两大人生目标。即便她已经 100 岁了，但她依然有一颗热爱这个世界并向往一切美好事物的心。她愿意像个孩子一样跟着我们东吃西逛，愿意拿出时间去研究之前没见过的东西，也愿意在有精力的时候多出去走走，看看这个有意思的世界，结交投缘的朋友。

大家都在说我们这些小辈愿意带奶奶出去、陪奶奶玩儿很难得，但最难能可贵的，是一个百岁老人还在发自内心地热爱着这个世界呀。

老戏骨和大天真

人 REN
间 JIAN
滋 ZI
味 WEI

　　每次奶奶出去玩儿的时候,如果遇到聊得来的人,她就特别喜欢跟人家诉说自己的往事,也不管人家听不听得懂或者爱不爱听。

　　都说人老了就是个孩子,但是一个小孩子应该是无法如此健谈的,老了的孩子,还是不一样一些。

　　奶奶喜欢跟人讲她从医时的经历,因为这是她所热爱的职业,里面有她满满的回忆，她也以此为傲。所以只要和人聊开了，奶奶一定会有意无意地提及自己当医生的往事。在当时，奶奶擅长针灸，在治疗偏瘫面瘫的领域还是小有成就的，给很多人带去过积极的一面，也许奶奶认为那段经历是最能体现她个人的价值的时候吧。

想必大家也发现了，除了对外交友，带奶奶出去玩儿还得有一个非常重要的准则：不能太贵，免费更好。

无论走到哪儿，奶奶都会问上一句：味道如何，价格如何？

糖油果子店铺的老板告诉奶奶三块钱一串，我知道奶奶对这个价格是万万不能接受的，所以立马跟奶奶说是三角钱，结果她居然还嫌贵。

晓波叔叔会时不时地往家里送酒，每次奶奶开箱的表情都好像发现了宝藏一样，双眼亮得如星星一般，还要有模有样地认真辨识："哦哟！这个是贵家伙哦！"一副很识货的样子。

但其实奶奶心里的价位体系和现代社会是严重脱节的，不过为了让她开心无负担，我们小辈都愿意陪她演戏，久而久之我们都练就了一身出神入化的演技，人人堪称老戏骨。

正因为对物价的认知有出入，所以每次带奶奶出去逛街，看到中意的东西时奶奶都会开启砍价大法，虽然基本上都以失败告终，但对一些想要学习"如何不露怯地在菜市场砍价"的小朋友来说，或许会有些借鉴意义。

　　卖家：这个衣服 800 块。

　　我：便宜点儿吧老板，600 块行不行？

　　卖家：这个价我要亏本的，700 块。

　　我：老板，你看我一学生也没多少钱，650 块吧。

　　卖家：行吧行吧，拿走，别跟人家说我这个价卖给你的啊。

（美滋滋拿走）

这是我砍价的样子。

　　卖家：这个衣服 800 块。

　　我妈：300 块卖不卖？

　　卖家：大姐，你看看这衣服质量，300 块真买不来！

　　我妈：一般般啊，也就这个价。

　　卖家：真不能这么少，进货都进不来，400 块不能再少了！

　　我妈：都是熟客，下次再来照顾你生意，300 块卖不卖？不卖我就走了。

（僵持 1 分钟后）

　　卖家：哎呀，给你给你，下次记得再来哈。

这是我妈砍价的样子。

本以为我妈已经是王者，见识了奶奶的砍价功力后，才深感我辈差得太远。

带奶奶去店里买羊毛衫，她挑了一件试穿，看样子甚是满意。

蔡林希问她："衣服怎么样？"

奶奶低头瞅了瞅："可以。"

蔡林希对奶奶招了招手："你知道多少钱不？"说着比画了一个数字。

奶奶把头凑过来，小声道："70块？"

蔡林希摇摇头："700块。"

奶奶一脸的难以置信："700块？70块我都不要！"

我解释道："奶奶，这里有羊毛。"

奶奶根本不听："啥子羊毛哦！都是乱喊价钱！"

眼瞅着奶奶开始急眼，我们不得不开始救场："说错了，看错了，是170块。"

奶奶不满意："他乱喊的！要不到！"

我们赶忙又说："17！17！多看了个零！"

此刻的奶奶往沙发上一靠，会心一笑——嗯，是我勉强可以接受的价位。

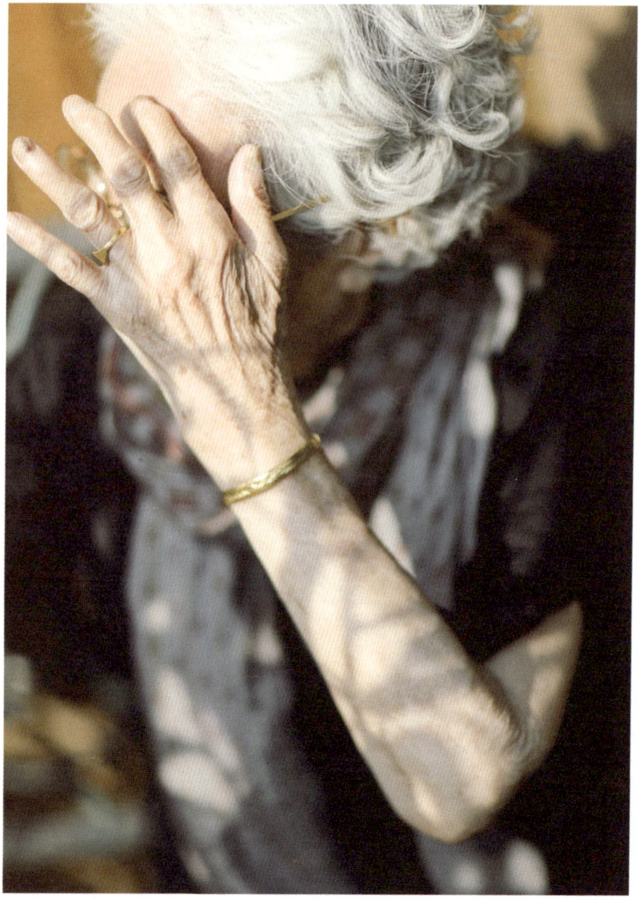

随后奶奶满意开麦:"那这衣服还有啥子颜色哦？"

这老太太！觉得价格合适了就想要多买几件了！

所以人家砍价是对半砍，奶奶砍价是直接砍位数，管你原本几位数，通通砍成两位数。

我大致汇总了下奶奶的砍价十八式：

第一式　瞒天过海

起先暂不表露对目标物品的好感，装作不甚在意的样子随口问价，好让商家摸不清你的意图，力求占据主动。

第二式　虚张声势

"乱喊价钱我是不要你的东西的。"

"你说，说老实话。"

第三式　以退为进

"你说嘛，少多少不卖？"

第四式　试探抄底

"你这个要价我出不起的哦。"

第五式　越级上报

"你肯定还有主人家（老板），问问他能不能少算点嘛。"

第六式　步步紧逼

"主人家在哪儿哦？我们谈一谈。"

第七式　走为上计

实在谈不下去，拔腿就走——拦的话就有戏，不拦的话再另做打算。

……

第十八式　神龙摆尾

临走前再杀个回马枪："少不少！卖不卖！"

总之讲价全靠气势，但友情提示，奶奶的砍价十八式，切勿轻易模仿，容易挨揍。

继 17 元一件羊毛衫以后，我彻底摸清了奶奶心里的价位体系：带她去二手车市场，几十万的汽车，她问人家几百块钱卖不卖，人家不卖，她转身就走；带她出去剪头发，出发前她乐呵呵地说自己都已经 100 岁了，100 岁的人剪头应该不要钱；别人问她为啥现在都不打牌了，她语重心长地告诉人家，因为年纪大了记不住牌，怕输钱；哪怕进的是商场，她也要和人家卖金饰的店员好生掰扯一番……

所以干脆全部免费——我开始经常在奶奶面前演戏，告诉她这个不要钱、那个是人家请客，就给她一个全世界独一无二的童话吧：满了 100 岁，走哪儿哪儿免费。

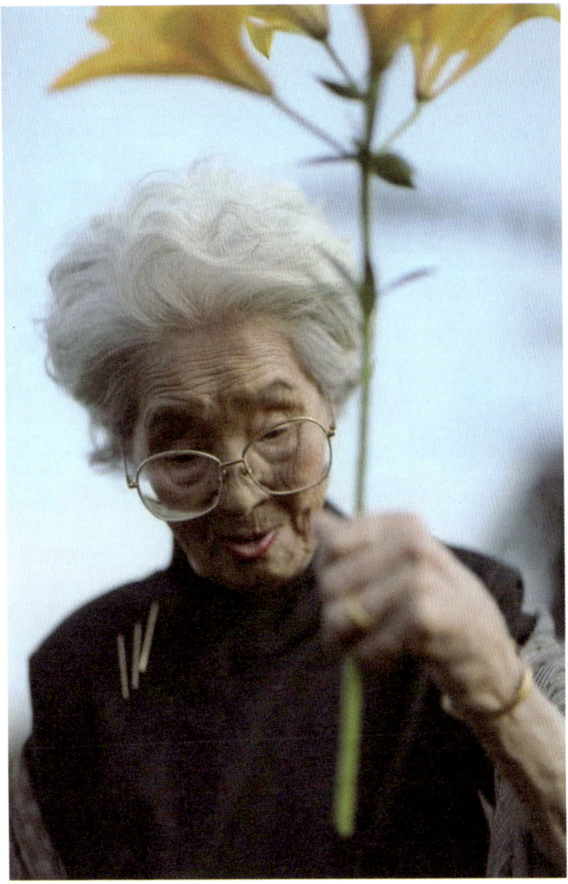

一个敢说，一个敢信，一个老戏骨，一个大天真。

毕竟奶奶是从那个年代苦过来的人，深知每一分钱都来之不易，所以奶奶从来不会大手大脚地用钱。当然，如果可以"报销"那就另说了，一定是"黑整"一顿没商量。

奶奶很爱吃螃蟹，有一回在青岛吃海鲜自助，她直接吃到拉肚子，差点儿吃进医院。从那以后，我们就很注意她的饮食，既不让她多吃，也要让她吃饱。每次不让她多吃的时候，她都会跟我们急眼，然后我们就各让一步——还是让她吃，但是她要吃少一点儿。有一句四川话叫"憨吃哈胀"，说的就是我的奶奶。

还有一次更夸张，那是奶奶退休之后，吃了一顿自助餐，但凡不要钱，她都要"黑整"，结果那一次吃成了胃出血，还住进了医院。我奶奶，一个真正用生命在吃的勇士。

说起来也好笑，奶奶第一次和我男朋友小马（现在的老公）见面时还有些认生，她贯彻着见到陌生人乖乖巧巧的一套作风——微笑着点头，重复着那句经典老话："好好好，人好就行，人好就对喽！"

后来小马同学投其所好，不是送酒就是陪奶奶喝酒，就是通过这样的方式，飞速拉近了跟奶奶的关系，奶奶觉得又找到一个

听说小马埋单，奶奶装满一车东西，还抱走一瓶酒

知己。

  我有一种强烈的感觉，奶奶是在我结婚之后才把小马当成自家人的。在我结婚前，但凡说是小马请客，奶奶都要"黑整"一顿，"吃欺头"是她人生中的一大乐事。有一次去超市购物，听说小马埋单她硬是装了满满一车。当然，结婚后小马成了真正的自家人，奶奶购物时就稳重了很多。

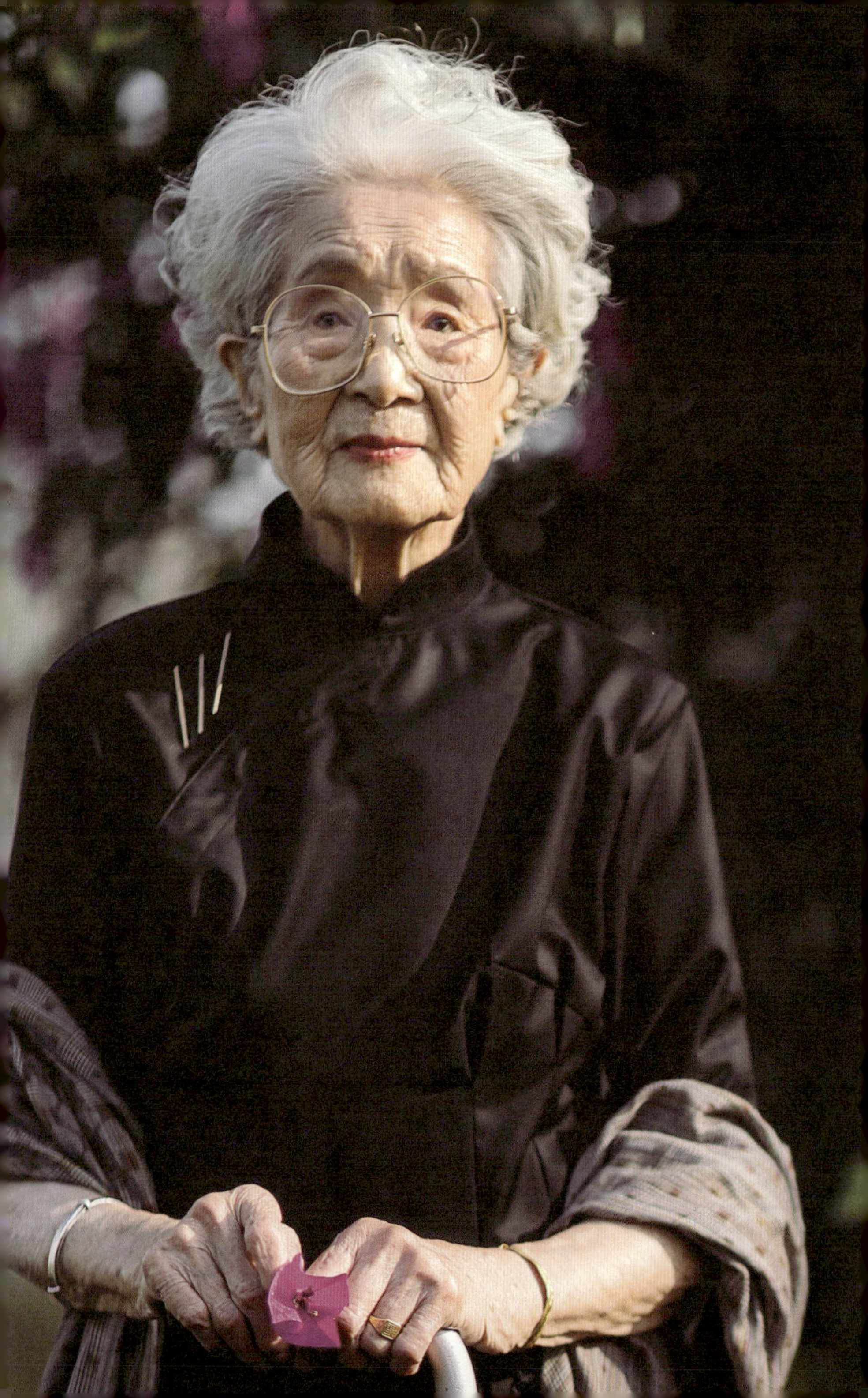

若无闲事挂心头
便是人间好时节

发量富翁

奶奶的情绪十分稳定,一般除了高兴,就是非常高兴或者无比高兴。用她自己的话说,长寿就是要尽兴地唱歌跳舞。我再延伸一下,奶奶的意思就是,现在的年轻人要坚持尽兴地做自己喜欢做的事,才能像奶奶这样活得长长久久。

有人说长寿是由基因决定的。我想,除了基因之外,还有更重要的因素,那就是心态。

几乎没什么事情可以让奶奶往心里去,你看看奶奶那一头让人嫉妒的银白色茂密头发就知道了——当今时代,发量多真的可以算是一种让人嫉妒的天赋了。

现在有好多年轻人已经开始有了脱发、秃头的困扰,正所谓"我的头发在衣服上,在枕头上,在地上,就是不在我的头上"。

早上起床的时候,奶奶的发型像极了爱因斯坦和蒙奇奇——蓬松又爆炸,奶奶就顶着这一头茂密的白发双眼迷蒙。

我们年轻人洗头的时候,头发都是一把一把地掉,我还看到本就发量稀疏的网友给他们不慎掉落的每根头发都忍痛命名,以悼念它们离自己的头顶而去。

但奶奶洗头之后往往就只掉几根头发,攥在手里小小一缕。对此我也愤愤不平过,但奶奶也没办法,她一边抠头还一边抱怨:"它自己不落的嘛,没得法。"

最可气的是,奶奶从来不用洗发液和护发素,每次洗头就简简单单地用肥皂搓一搓、打个泡泡,完事儿。这番流程连我爸爸都羡慕不已。

很多网友在看到奶奶的发量之后,纷纷在评论区里留言说:"输了输了。"对于年轻人掉发很多这件事情奶奶也想不明白,头发长在自己的脑壳上,咋个说掉就掉了哪?真是饱汉不知饿汉饥。

鉴于太多网友想要探索奶奶发量多的缘由,我特意做了一期走近科学之秀发的秘密的专题访问——奶奶的发量是怎么来的?吃出来的?画出来的?吹出来的?

是以有了如下对话——

我摸了摸奶奶蘑菇云一样的头发:"奶奶,你头发咋这么多哦!"

谁知道对此奶奶竟很苦恼:"它不掉啊!"

我好奇地问她:"你知不知道现在20多岁的年轻人都有点儿秃头了!"

奶奶当场震惊,随即疑惑道:"咋会掉头发呢!从道理上来讲不应该啊!"

我叹了口气:"可能是太辛苦了。"

奶奶深以为然:"现在这些娃娃就是劳动得太多了,担心得太多了。"说罢还心痛地点了点头。

俗话说"人闲长指甲,心闲长头发"。奶奶的保养秘诀其实很简单,不外乎一个好心态——放宽心、不操心。我总结了一下,大概意思是:你不要问我,我天生丽质。

比房价更贵的地方在哪里？在头顶！

奶奶嘱咐我一定要叮嘱大家好好保重身体，虽然学习、工作很重要，但是身体也很重要哦！祝大家都能实现发量自由！

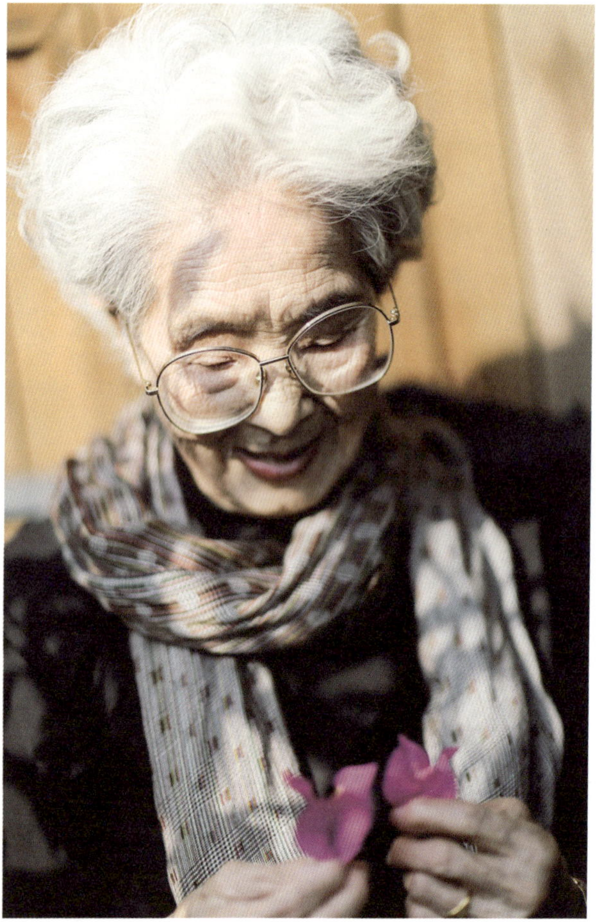

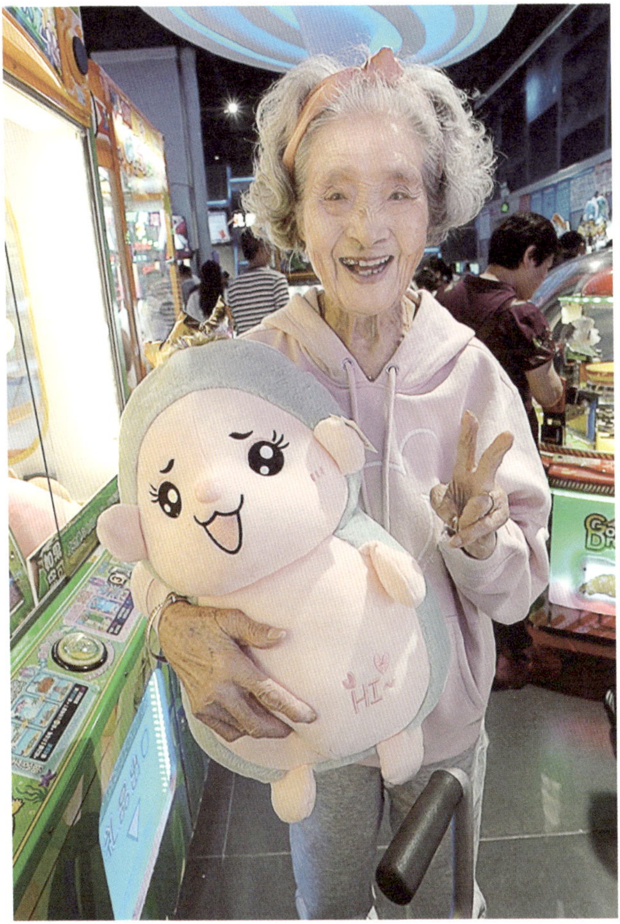
HI

热水洗脚，
当吃补药

现在，奶奶和爸爸住在一起，通常她都是晚上八点钟睡觉，早上八点钟起床，很是规律。

奶奶清晨起床的第一件事情就是先唱一首革命歌曲，有股子给自己提提神的劲头，然后再打一壶烫水来洗脚。

对于补品、补药一类的产品，半生行医的奶奶是毫不相信的，对此她有自己的判断，并且很有一套自己的养生方法："电视上说的尽是哄人嘞！烫水洗脚，当吃补药。"意思大概是,每天坚持用热水泡脚,比吃补药还管用。

在奶奶的养生食谱里,吃补药还不如让她把零食吃够,什么瓜子、油炸酥皮花生、萨其马、面包、糖油果子、窝子油糕……最好能 24 小时全天供应,那她简直可以再活 500 年。

泡脚这件事,民间一直就有"春天洗脚,升阳固脱;夏天洗脚,暑湿可祛;秋天洗脚,肺润肠濡;冬天洗脚,丹田温灼"的说法。虽然具体详细的科学泡脚方式我不太懂,但是据奶奶说,人的脚上有很多穴位,它们分别对应着人体的五脏六腑。

奶奶常说"寒从脚下起,要做好脚的保暖",想来热水泡脚虽不至于起到刀枪不入、百毒不侵的奇效,但对于缓解一些身体的乏累也还是很有帮助的。

奶奶在早上的活动除了洗脚之外就是读报,她在看报纸的时候喜欢逐字逐句念出来,那股专注劲儿真是和当年学医时一模一样。

我看有网友评论说羡慕奶奶看报纸都不用戴眼镜,视力好。其实我想告诉你们的是,奶奶看报纸仅限于大标题,有时候凑近了能勉强看个副标题,小字她是根本不看的,因为她压根儿看不清楚。这下你们不用太羡慕了,毕竟咱们还是能细细读小字的。

现在报纸是奶奶主要的新闻来源,因为文字是摆在那里不会跑的,她可以慢慢品味;而电视的声音对她来说有点儿小,主播的语速也相对较快,就像小马跟奶奶说普通话一样,她是听不懂的。除非新闻主播跳出电视机,像蔡林希那样,在奶奶的耳边大声说话,奶奶可能可以像我们一样自在地看完《新闻联播》。

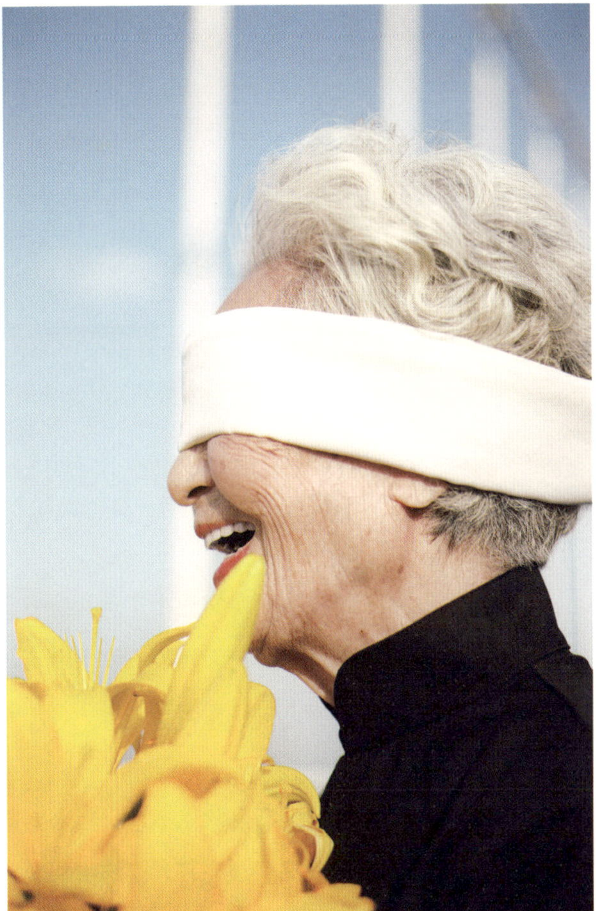

万事切莫挂心头

人 REN

间 JIAN

滋 ZI

味 WEI

前段时间奶奶迷上了玩儿魔方,还是上瘾的架势:白天黑夜不歇气地玩儿,那股紧张劲儿像是要去赶高考一样,连坐姿都不变。

有一天半夜两点多,我起来上厕所看到她房间的灯还亮着,隐约听到魔方转动的声音,于是走进去搞了一个突袭,果然魔方仙女正在挑灯苦玩儿。见我来了,奶奶还特别慌张地闭上眼睛把魔方丢到一边,用手假装盖被子,并做作地问我咋还没睡，叫我赶紧出去把灯给她关了，仿佛我打扰了她睡觉一样。

如此反复了几次，我真的实在不忍心继续抓包她了，狠心地将魔方没收。

在玩儿魔方这件事情上，奶奶是真的很有毅力。奶奶其实还有过不少其他的爱好，但大多是阶段性地喜欢，魔方却是专宠。只要没人打扰，奶奶真的能玩儿上一天。

不过可惜的是，热爱与天赋不可兼得。尽管奶奶夜以继日地努力了很久，但连魔方一面的颜色都没有拼完整过。去年她生日的时候，我们还专门做了一个魔方盒子给奶奶做生日礼物，现在回想起来，那个魔方盒子应该做成拼好了的，失策了。

那就希望奶奶再接再厉，争取在101岁生日之前拼出来至少一面吧。

鉴于奶奶埋头玩儿魔方的劲头实在太大，爸爸很怕她的身体吃不消，于是决定没收她的魔方。但奶奶坚决不给，还把魔方藏在了枕头下面。爸爸拗不过她，说了她两句，硬是把魔方抢过来收了。

奶奶没有说话，转身离开了。我们本以为她会生气，没想到，不到一分钟她就挂着拐杖走进厨房，探个脑袋笑呵呵地问道："饭煮好没有？"刚刚的争执完全没有让奶奶的情绪受到半点儿影响。

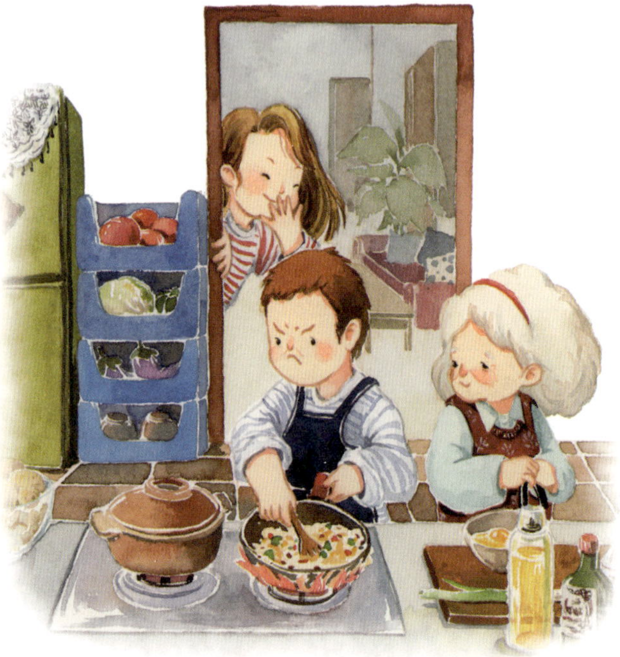

奶奶就是个万事不往心头挂的性子，若是与人发生了争执，她会一口气把自己的观点讲完，然后自顾自"关"上耳朵，离开战斗现场，不再听对方输出。

每次跟她吵架都会被噎到憋气，她却没事儿人似的继续心平气和地做她的事，嘴里还有腔有调地哼唱着："大海航行靠舵手，万物生长靠太阳……"气得人真是要深呼吸。

你要说奶奶心大吧，她较真儿的时候又实在让人哭笑不得。

家人聚在一起看电视，她还会和重孙女抢遥控器。小朋友想看动画片，奶奶想看戏剧，于是两人认真商量后，决定先看5分钟戏剧再换台看5分钟动画片。

后来奶奶还想耍赖，到点了不归还遥控器，重孙女还妄图从她手里抢，颇有点儿"虎口夺食"的感觉。拜托！她都已经100岁了，还和6岁的小朋友争电视！我感觉还是她的重孙女要更讲道理一些。

奶奶看电视也很有意思，现在她已经不看电视剧了，因为会想不起之前的剧情，总看得一头雾水。她爱看中央三台的综艺和中央四台的国际新闻以及中央五台的足球比赛和台球比赛。

在青岛的时候，我二姐的小孩儿（3岁）想取下奶奶的包包来玩儿，奶奶硬是不让，小孩儿硬是要拿，于是两个人僵持不下——奶奶急得面红耳赤,小孩儿气得哇哇大哭——反正就是谁也不让谁,场面一度失控。

二姑妈和二姐一人劝一个:"不要打架!要好好耍!"

最后奶奶成功地保住了自己的包包,她3岁的曾孙女输了,祖孙两个人都气鼓鼓的。

长此以往,我摸索出了奶奶处世之道的些许皮毛:能用吵架解决的问题,千万别藏在心里;能发泄出来的情绪,千万别把它当真。

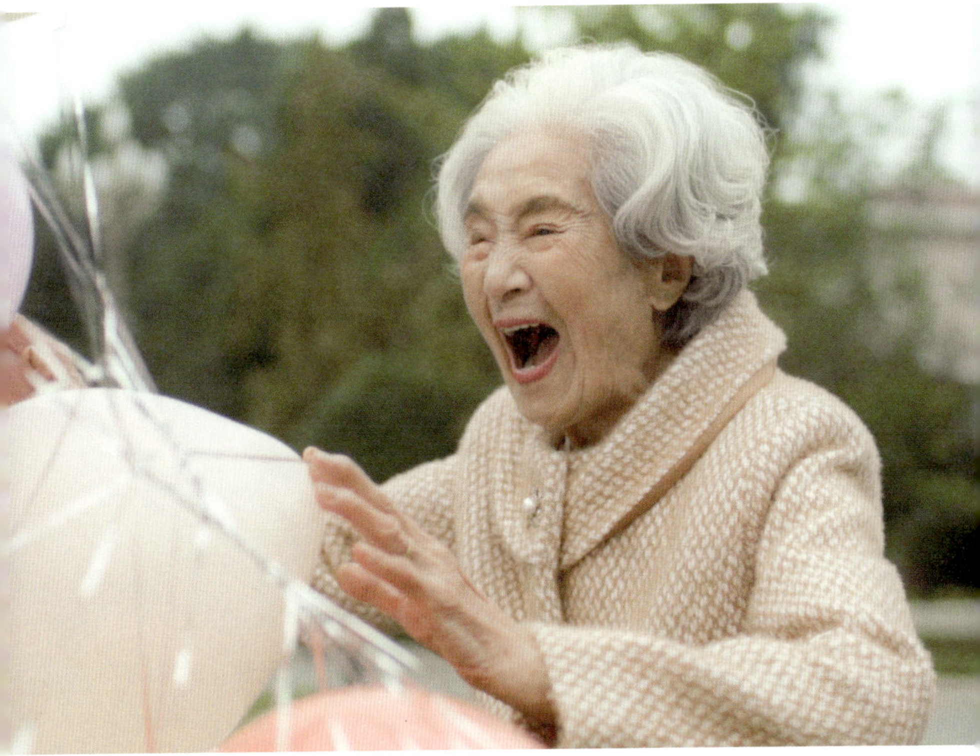

人生啊，
就是一顿又一顿的饭

人间滋味
REN JIAN ZI WEI

奶奶常常念叨："要想长寿，就要吃好、耍好、睡好。"

"吃"在奶奶的人生榜单中稳稳占据着第一位。她的重口味在重盐、重油、重辣、重麻几个维度四足鼎立，这方面连很多年轻人都拼不过她。在吃火锅的时候，往往我和小马同学已经被辣得直掉眼泪、热汗淋漓，奶奶依然面不改色地一边唱着革命歌曲，一边烫着麻辣牛肉。她唯一不能碰的辣，怕是只有芥末。有一次，奶奶蘸多了芥末,不小心呛进了喉管,那时候真的是把我吓了一跳,大家也一定要多多注意。

有人说,喜欢就是一起吃好多好多顿饭。奶奶也说:"人生啊,就是一顿又一顿的饭。"每一个为生计奔忙的瞬间,每一次畅快肆意的相聚,每一顿认真对待的餐食,都汇聚成了我们人生路上的点点足迹。

我想,那些没法儿通过语言表达出来的感情,也都藏在特意为你留下的饭菜里。而对于奶奶而言,认真生活的人生,就是好好吃饭。

心态豁达是奶奶性格中的一大特征——喝最烈的酒,唱最野的歌,蹦最欢的迪——这简直是她一生都在践行的快乐指南。

关于奶奶的才艺,相信看过我们视频的朋友都已有所了解——一言不合就飙歌那是小场面。

奶奶喜欢唱歌,而且都是非常经典的老歌。什么《大海航行靠舵手》《回娘家》《纤夫的爱》《四季歌》《学习雷锋好榜样》简直张口就来,宛如一个行走的 20 世纪 60 年代金曲的 MP3。

而在这些经典老歌之中,奶奶最喜欢的就是红歌。作为一个"20 后",奶奶见证了中华人民共和国成立和发展的各个重要时刻，她经常对身边的人说，现在人民能过上好日子，多亏了党的领导。经历过水深火热，才深知好生活来之不易，所以她总教导我们要学会珍惜和感恩。

有一年圣诞节，我们在家里弄了棵圣诞树，想给奶奶一个小惊喜，带她体验体验年轻人流行的节日。结果奶奶看到圣诞树上的星星后，先笃定地说这是五角星，然后就开始唱起了"五星红旗迎风飘扬，胜利锅森（歌声）多么响亮，锅（歌）唱我们亲爱的祖归（国），从今走向繁云（荣）富强。"

我当时真是感动中又夹杂着好笑的情绪，老太太的家国情怀真是无处不在。

还有一次，我们带她去吃花胶鸡，朋友无意间说了一句"look at me，奶奶"，不承想听见英文的奶奶立刻歌兴大发，开始背诵英文字母表：一开始奶奶自信地跟我们介绍，说英文字母有好多个，然后开始操着奇怪的口音背诵，逐渐把自己背糊涂了并连发音都变调之后，她气呼呼地一甩手："多得很！"好家伙，自己把自己背生气了。

就她背穴位表的架势，以为她是个王者，没想到是个青铜。

但生活中，从哪里跌倒就从哪里装作无事发生是奶奶的绝招儿，于是她硬是从英文字母表"ABCDEFG"的背诵无缝衔接到了《纤夫的爱》这首歌，打了所有人一个措手不及。

我有个姐姐在广州，奶奶去那边住过一段时间。考虑到奶奶对歌唱事业的热爱，这期间姐夫就给她买了一台家用卡拉OK机，让奶奶可以在家尽情自由地发挥。姐夫还特别贴心地给奶奶打印了一个歌单，让奶奶可以拿着歌单对着电视唱，方便她看歌词。

这可高兴坏了老太太，天天拿着歌单不撒手，大有"从此君王不早朝"的架势。幸亏家里隔音足够好，从没被邻居投诉过。

虽然奶奶唱歌五音不全，基本不在调上，普通话也是椒盐味儿的，但是她自我感觉非常好，无比自信，不但要唱，还要边唱边扭秧歌。

奶奶常常会在家里一展她的舞姿，双手摇摆起来，踏着轻盈的广场舞步伐，一点儿也不像一个100岁的老太太。

每当看到奶奶开始扭来扭去，我们都替她捏把汗："你都要扭骨折了，不要再扭了！"但奶奶高兴起来哪里管得了这么多，先嗨了再说，跟着节奏一起摇摆："和所有的烦恼说拜拜，跟所有的快乐说嗨嗨。"老年迪蹦得不亦乐乎。

每每看到她这样，我都会想自己老了的时候会是个啥样子，希望能遗传到这个精气神吧！

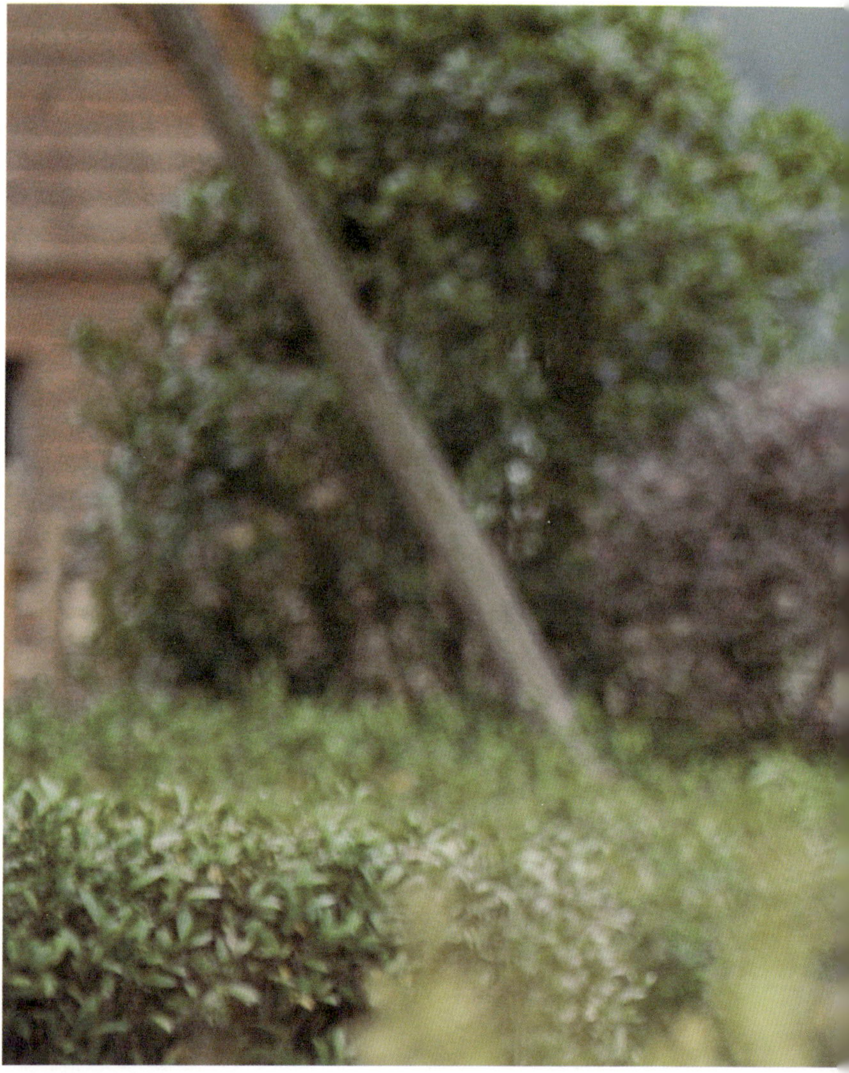

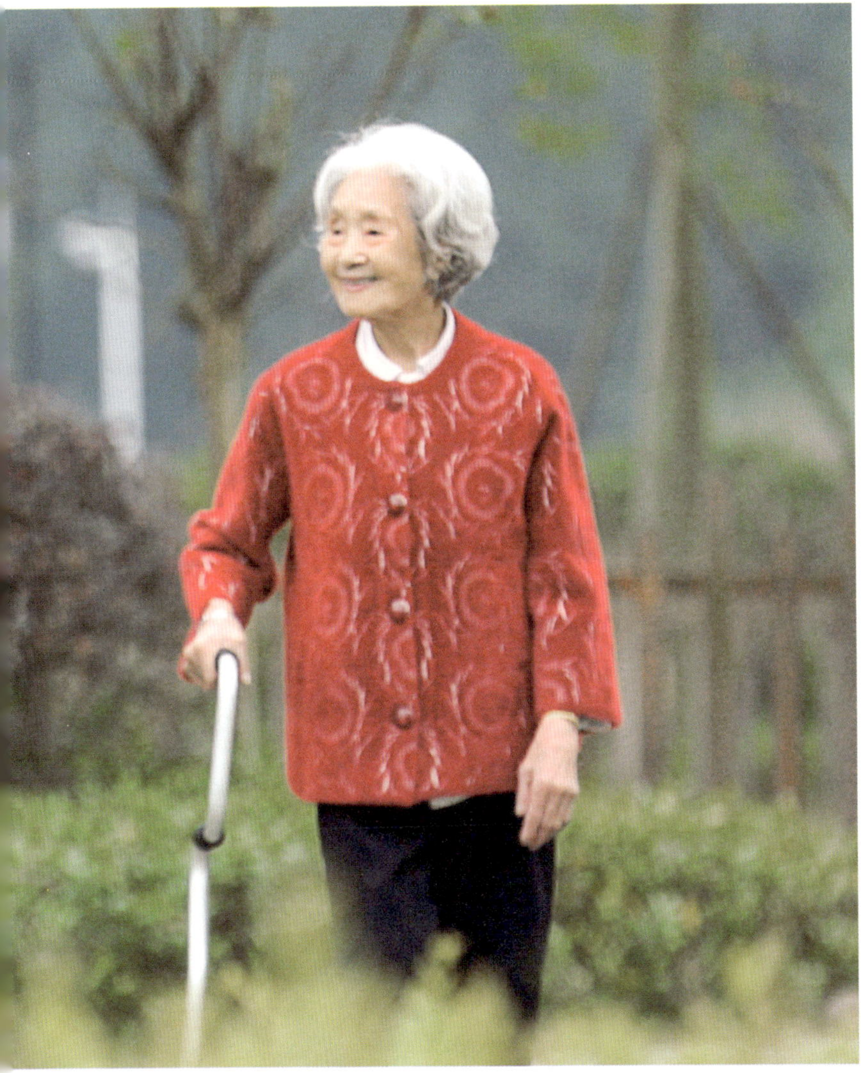

> 睡一觉,
> 吃饱饭,
> 明天又是光芒万丈的一天!

人 REN
间 JIAN
滋 ZI
味 WEI

二姑妈常常带奶奶游山玩水,虽说奶奶说自己去过东京、巴黎、纽约这些确实是在吹牛皮,但是她真正去过的地方也不少——新加坡、马来西亚、泰国,国内的北京、上海、青岛、重庆、广州、昆明……那会儿她还会晕车、晕机、晕船,现在年纪越大反而不晕了。

当然,快乐的老太太也并不是一直无病无灾的。2008年,这一年奶奶88岁。年底本该阖家团圆的日子里,奶奶却不慎摔了一跤,摔成了股骨骨折。那时奶奶住在广州的二姑妈家,于是2009年元旦我们陪奶奶在广州紧急进行了手术。

老年人骨质脆,若是不慎跌跤,后期恢复和休养难度都很大。而且受伤对很多年纪大的老人来说,不单单是身体的创伤,可能还会造成心理上的脆弱感和无助感。

但奶奶着实是一个可敬的女汉子,经历了这么大的手术之后,一直坚持锻炼,后期身体恢复得相当好。而且她的心态实在是太好了,她摔伤后,她的子女、孙辈心态全崩过一次,都担心她担心得焦虑难安,她自己反而不以为意:"多大个事情,老年人绊跤子好正常嘛!"

我们心里清楚,她这样说的目的只是假装病情不严重,然后骗我们带她出去玩儿。

她的玩心是真大啊,挂着拐杖还天天闹着出去玩儿,精力比年轻人还要好。

那时候奶奶还处在康复期,每天睁开眼睛的第一件事情就是问:"今天又去哪里耍呀?"

二姑妈常常为此头疼不已:"你的精力实在是太旺盛了!简直不像个老年人!你不是刚动完手术的嘛!"

每每此时,奶奶都会跳起来反驳:"老年人?我哪里老!我才88岁,还这么年轻!"

奶奶是个极爱热闹的人,夸张到什么程度呢?现在奶奶和爸爸住在一楼的小洋房里,她从不拉窗帘,甚至从来不会背对着窗外。她喜欢守着窗子,然后乐呵呵地和路人打招呼,笑容很甜很甜。

我们家里,每一位成员过生日都会搞聚会,尤其是奶奶的大寿,更是会大聚特聚一番。但是奶奶并不关心"生日"本身的仪式感,只要家人聚在一起,热热闹闹的,她就高兴。

今年春节前,我忽悠奶奶:"今年过节就只有爸爸和你一起啦。"

奶奶不相信:"只有两个人啊?哪个说的?"

我解释道:"他们都忙嘛。"

奶奶不放弃:"蔡林希不回啊?"

问完,老太太自己感慨道:"该回哦!忙得家都不要喽!"说罢有点儿失望地叹气,"过年就不热闹喽。"

其实当时大家都已经偷偷躲进了家里,后来给了奶奶一个大大的惊喜。

我发现,人会越来越觉得孤单,越来越不喜欢一个人待着。每次去奶奶家,她都会满心期待地望着我问:"今晚不走嘛?"

其实奶奶并不需要子孙能挣多少钱回来，陪伴就是给奶奶最好的礼物。

平时没办法天天相伴，但彼此永远都是最深的牵挂。

说起奶奶最爱的过生日地点，你们肯定猜不到——海底捞！

众所周知，海底捞给人庆生的场面非同小可，那里的工作人员是一群比寿星本人更嗨的存在。对于很多年轻人来说，过于热情的海底捞式庆生让他们无所适从，甚至发出了"千万不要让海底捞知道你生日"的呐喊。因为一旦不小心让他们知道今天是你的生日，那么你将过上这辈子最有排面的生日会：手幅、灯牌、歌声、舞蹈……应有尽有。很多网友笑称这是新时代的人类酷刑，并呼吁：爱他就带他去海底捞过生日！

但就是这样的氛围，恰恰是奶奶的最爱：服务员给她唱生日歌，那她的声音一定是最大的；服务员拍手跳舞，那她恨不能站起来跟人家一起舞；酒也是一定要喝的。除了自己喝，她还要劝人家现场的服务员："你喝不喝？"

简直如鱼得水。

喝完酒后，两颊泛起红晕的她就要开始吹牛了："我去过东京、巴黎、俄罗斯……"一说到俄罗斯，立刻又想到莫斯科，于是奶奶又奉上一首《莫斯科郊外的晚上》。

全家福

疯得很。

其实年轻的时候，奶奶还算是比较含蓄的，但随着年纪越来越大，她也越来越放飞自我了。

奶奶在网上走红之后，有电影导演来找她拍戏，谁知她连一秒钟的犹豫都没有，大声说："拍逗（就）拍嘛！反正大家一起臊皮（被取笑）嘛！"真是一点儿都不认生，也不害羞。当时真的是把我笑岔气了，奶奶还补刀："来看老疯子！"

2019年的冬天，被央视记者采访的那几天里奶奶也非常兴奋，面对镜头毫不怯场。其实她不太清楚我们在干什么，但对着镜头唱歌跳舞的样子跟平时在家里时一模一样，快乐得令周围人都羡慕。

都说人的快乐是会相互传染的，奶奶的快乐很快就传递给了记者朋友们——大家一开始是"哈哈哈"地笑，后来笑声变成了"嘎嘎嘎"，场面一度失控。

拍时尚大片时奶奶的表现也是落落大方。

当时摄影师安排了玻璃栈道上的登高拍摄，前面有个女生在上面走的时候双腿都在发抖。我问奶奶怕不怕，对此奶奶表示很奇怪："这个有啥子好怕的嘛？"当然，不排除奶奶老眼昏花，根本没有看到脚底下踩的栈道是透明的情况。

我们问奶奶懂不懂时尚,她自信地回答:"咋不懂哪?"然后就换上了美美的衣服,特别享受地拍完了玻璃栈道大片、旗袍大片等,拍完了还盯着自己的照片看半天,然后说一句:"好看!"

我在网上发布了奶奶的时尚大片之后,不少网友在评论区问道:"奶奶这是要进军时尚圈了吗?"哈哈,其实奶奶都不知道自己在干什么,当天给她拍照的时候,她只是以为我又带她出去玩儿了一趟,玩儿得很尽兴。

我常常在想,现在这么多年轻人得抑郁症,没有生的欲望,若是带他们来跟奶奶玩儿玩儿,说不定会重新爱上这个人间。吃货从不相信眼泪,她只相信"吃完这顿火锅,快乐就回来了",她信奉的是"吃好喝好,长生不老"。

奶奶会告诉他们:"有啥来头嘛!睡一觉,吃饱饭,明天又是光芒万丈的一天!"然后再一起蹦个野迪,喝顿嗨酒,和所有的烦恼说拜拜。

有时候我想,奶奶大概是上天派到人间的天使,不为别的,只为把快乐传递、扩散开来,让她身边的人因为这位天使的无忧无虑而感到快乐。

她的这场人生,真的很尽兴。

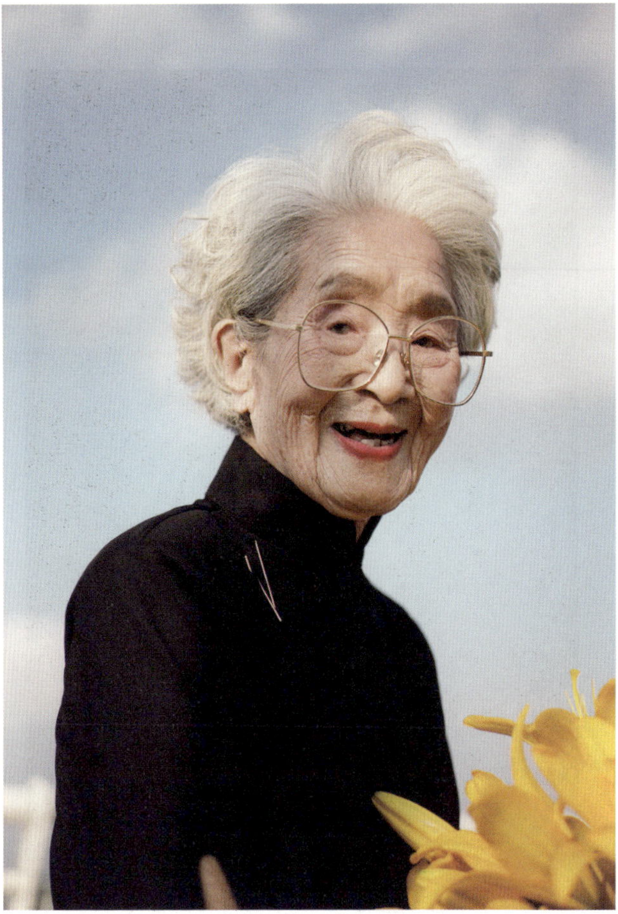

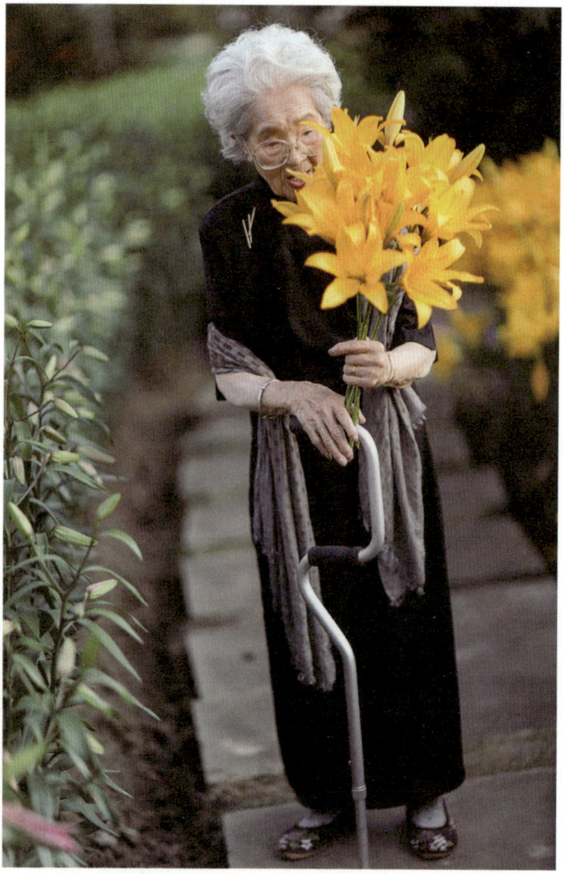

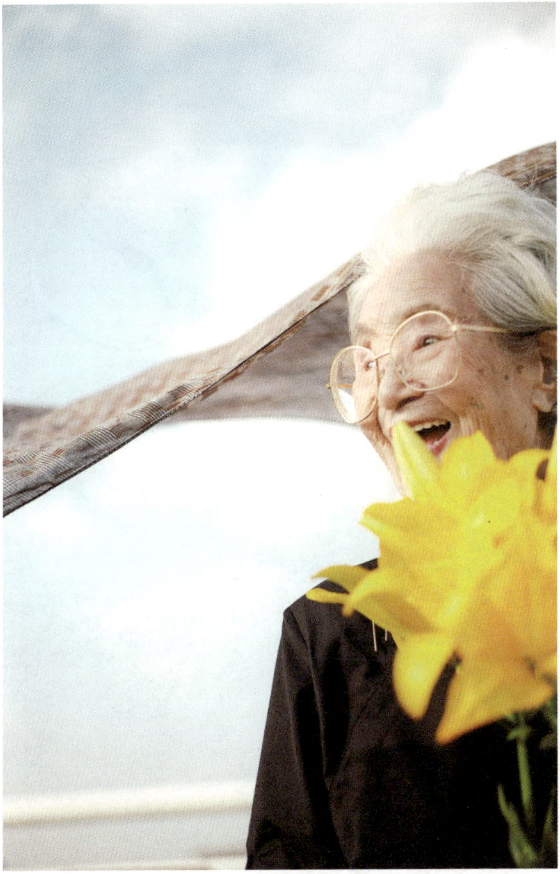

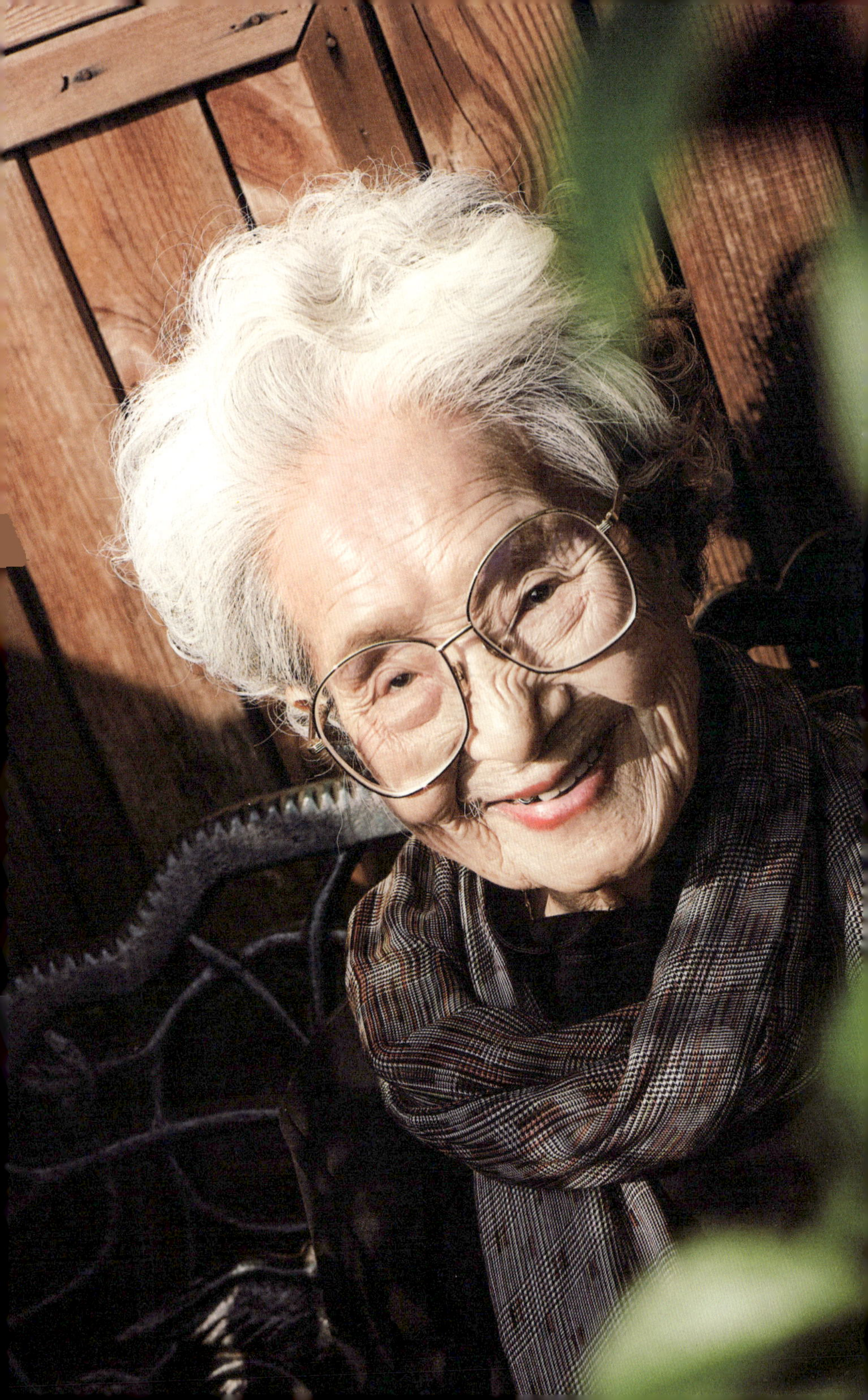

吃好点儿
看淡点儿

闲事少管，
走路抻展

可能是从医的缘故，也可能是因为亲身经历了爷爷去世的事，一直以来奶奶都很看淡生死。

2019年元月，奶奶的亲妹妹走了，我们怕奶奶伤心，没有立刻将消息告诉她。

有一天，我们试探性地跟奶奶提起："姑婆走了哦，奶奶。"

奶奶一边玩儿着魔方一边问道："走哪里去了？"

"就是……走了。"

奶奶好像听懂了,她想了想,淡淡地自言自语道:"反正都是要走的,人就是这样,一把灰就杀割(结束)了。"

也许是爷爷去世那年,她悄悄地把所有眼泪都流完了,也就不再跟命运较劲了。她常说,活到这把年纪,多活一天就是赚一天,所以要活好。

凭着这种"活一天赚一天"的贪小便宜心态,她说自己有信心活到120岁。吃欺头,是她最在行的事情。她还常常思考一个问题,要是一不小心活到了130岁,是不是就说话不算数了?

"闲事少管,走路抻展!"这绝对是奶奶的长寿秘诀。我翻译一下:少管闲事,坦坦荡荡做人,一不小心就活到100岁了。

《醒世恒言》里讲:"事不关己休多管,话不投机莫多言。"意为,与自己无关的事情,最好不要多管;谈不到一起的人,就不必多说,不然就自讨无趣了。

奶奶口中的"闲事少管"不是人情淡薄、各人自扫门前雪的自私自利,而是更侧重尊重他人和谦逊内敛两个角度——肆意插手别人的事情,是要彰显你的聪明能干吗?你觉得自己可以干涉别人的事情,那对方是否真的需要呢?

奶奶其实是个热心肠，一生没少做好人、行好事，但她真的从不操心、不多管他人闲事，特别是不会对晚辈的事情指手画脚。

奶奶退休后，很少操心晚辈的事。

首先，她觉得儿孙自有儿孙福，现在很多儿女、孙辈身上发生的事情，已经超出了她能解决的能力范围，与其跟着瞎掺和，不如干脆彻底放手不管，这样才不会给大家添麻烦。

其次，她认为大家都是成年人了，应该走自己的路。结不结婚、出不出国、生不生娃、离不离婚都是他们自己的选择，作为长辈没必要过分干预，把自己的意志强加给晚辈，不仅给晚辈增添负担，也使自己徒增烦恼。

奶奶始终觉得，人不要为了挣钱太过辛苦，有了一定的积蓄就可以多出去看看、走走，世界很大、很美好。在这一点上，晓波叔叔简直就是奶奶的"蓝颜知己"。

"酒嗨嗨"晓波叔叔是奶奶六妹的儿子，思想新潮、乐观开朗并且非常爱笑，典型的"未见其人先闻其声"。在我的脑海里，随时都能回响起他爽朗又魔性的笑声，他和奶奶的笑声凑在一起简直可以配成一首交响乐。当然，我的笑声也不赖，好多网友留言说，一听到我笑到岔气的笑声就忍不住跟着傻乐。

晓波叔叔两口子都是大学教授，文化程度很高。他们退休后，最大的爱好就是旅游。晓波叔叔说人生最美好的阶段就是现在——不用再操心工作，娃娃们的生活也稳定了，是时候过自己想要的生活了——他这个想法和奶奶的不谋而合。

我之前看过一个很有意思的比喻，说人生有四大多管闲事：扶烂泥、雕朽木、翻咸鱼、烫死猪。每个人的生活环境和轨迹都各不相同，不多管闲事、不强行干涉他人的生活、不强加自己的价值观，是对每个生命最大的尊重。

少管闲事就是最有效的养生。

专注自己，
悦纳他人

人间滋味
REN JIAN ZI WEI

人们常说"什么年纪做什么事情"，或者"什么年纪就要有什么年纪该有的样子"。但奶奶好像并不在意，从年轻到现在，她一直都是自己想成为的样子。她对身边人也没有硬性要求，开心快乐就是最大的福气。

在晚辈婚恋的事情上，奶奶的态度一直很开明：不强制、不委屈。她觉得女孩子谈恋爱前可以多出去走走，多见见世面，这一辈子不用非要和哪个人在一起,也不要为了谁去委屈自己。

我曾经和奶奶逗趣:"奶奶,小马比我小 10 多岁。"
奶奶比画了一下手指:"这么多啊?他晓得不?"
我偷笑:"他不晓得,你说我要不要告诉他?"
奶奶一挥手:"告诉个铲铲!"
说罢,我们祖孙俩捂着嘴哈哈大笑,一如姐弟恋的爷爷奶奶,奶奶的态度也是"他晓得个铲铲"。在她看来,感情关系里的年龄差远不如这个人真心待你重要。

我们曾问过奶奶关于跨国恋的事情,对此奶奶的态度很明确:"对你好就好。"所以什么姐不姐弟、跨不跨国、同不同种族的,在奶奶看来,人生得意须尽欢,喜欢就上!

而对于结不结婚这件事,奶奶的原话是这样说的:"找不到结婚的人就自己过嘛,跟爸爸妈妈过也可以嘛,或者找一个好朋友一起生活也可以嘛。"
不过奶奶到底还是一个有底线的老太太,她对我说,对象大 5 岁可以,大 10 岁也可以,但是大 20 岁就大太多了,说到此处时头摇得像拨浪鼓似的:"不得行、不得行,年龄也太大了嘛!"

奶奶有一条人生宗旨，是专注自己、悦纳他人。从她待我们晚辈的态度上已经可以窥见一二。

她还常跟我们说："做人千万不能讲别人的坏话，不要传话，不要多事，不要乱开腔！做好自己的事情就对了。"

人传话，不要听。

"肚子里要装得了话，不要乱说别人。"每每提及此处奶奶都很认真，"我从来不说别人的好歹，要会为人，不会为人就整得稀巴烂。"

奶奶的这种包容精神也完完全全地体现在了美食观上。她能接受咖啡，但更喜欢吃汉堡。在奶奶还不是"网红"的时候，我家楼下咖啡店的老板就已经不收奶奶的钱了，因为老板觉得这个老人家实在太可爱了。但是奶奶没有特别喜欢咖啡，每次喝一口都会皱眉皱很久："哎呀！你整我冤枉！这个是苦的嘛！"

奶奶对美食的包容和她人生的价值观是不谋而合的——她觉得人生就该多种多样，勇敢且坦荡，要有不同的尝试和体验，要做自己想做的事，选自己想走的路，也要接受自己选择带来的结果，无论好或不好，在宽广的世界上做一个不狭隘的人。

人生本就是没有模型的，任何年龄都可以做对自己有意义

的事。

　　没有人可以用年龄框住你的人生，你只需要活成自己想成为的样子。

虽说奶奶闲事管得少，但她也会操普天之下所有奶奶操的心。

比如有一次，她看到蔡林希的文身和耳洞时，淡淡地翻了个白眼点评道："妖气！"然后又自顾自地做自己手上的事。

我们定睛一看，她正用一块花布缝蔡林希的破洞裤！边缝还边语重心长地叮嘱我们："关节千万不能着凉了。你是不是没钱花，咋穿条烂裤子？"

最后，奶奶兴高采烈地把自己的作品展示给蔡林希看——时尚 boy 的破洞裤上的洞洞被补上了一枝鲜艳的红玫瑰。奶奶还慷慨地附赠了蔡林希一些零花钱，悄悄地说："钱没有了要跟奶奶说，你穿条烂裤子，把人冷坏了，再多的钱都要花出去！"

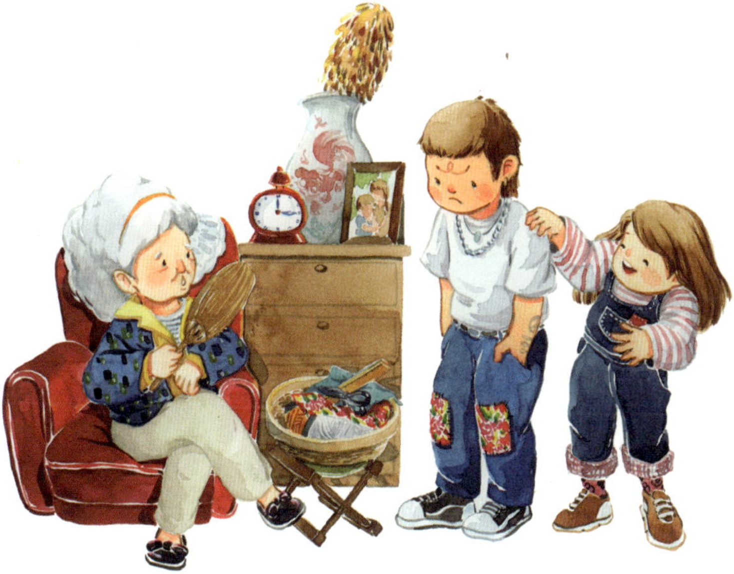

人生哪得多如意，
万事只求半称心

人 REN

间 JIAN

滋 ZI

味 WEI

　　从前，奶奶的床前一直摆着一盒针，如果腰腿不舒服了，奶奶就会自己给自己扎针，扎完了就会舒缓很多。虽然听着是挺惊悚的，但奶奶年轻时在针灸方面颇有建树，所以这也算是她的一个小习惯。

　　后来奶奶年纪大了，眼神儿不好了，我们就没有再让她扎针了。

　　新冠肺炎疫情时我们一家人待在家里，我问奶奶："如果再年轻20岁，你愿意去武汉吗？"

奶奶颠三倒四地摇头回答说："不去不去，武汉我都去耍了好多次了，吃了热干面、黑鸭，啥子都吃焦了的，不要再去花冤枉钱了！"

我哭笑不得："又不是喊你去耍，是要你去抗击疫情！"

听到这句话，奶奶的声音立刻大了一圈："那我肯定敢去嘛，怕啥子风险嘛，我们是搞医的嘛！"奶奶对自己的职业怀有一种使命感，恨不得立马飞向武汉抗击疫情。

不过在疫情期间，可真的是把奶奶这个"跑脚子"憋坏了。因为不能出门，她就在家里面走来走去，走得人头都晕了，还可怜巴巴地问："我们啥子时候可以出门哪？家里没有菜了。"

说是去买菜，其实就是想出去玩儿，想出去吃火锅、串串、烧烤。可是非常时期，我们哪儿都没让她去。

奶奶也很乖地配合我们没有出门，还在家里默默地给祖国绣了一个加油的标语。她100岁了，眼神儿早已不够好，"中国加油"几个字，她一针一线缝制了两天。

那时在家里煮了好几顿火锅，奶奶在烫火锅之余，会停下来问我们："你说这外面天寒地冻的，武汉的医生吃不吃得到火锅？

我们可不可以端点儿送过去？娃娃们好辛苦哦！"

用现在的话讲，奶奶这个叫"热心公益"。虽然奶奶精打细算，但是她心里对钱还是没数的，四川话叫"假行势"。

有一次蔡林希问她："奶奶，如果给你一万块钱，你打算拿来做啥子？"

奶奶想都没想，很自然地说："就分给你们呀，一人一半，给你们安家嘛，当零花钱。"

问题升级了，蔡林希又问："如果给你100万，你打算拿来做啥子？"

这个老太太啊，虽说平时抠是抠了点儿，但是在帮助他人这件事情上是从来不会犹豫的，她斩钉截铁地说："我就全部拿去捐了，捐给贫困山区。"

蔡林希问："那你自己一分不留啊？"

谁知奶奶很自豪地对蔡林希小声说道："我满了90岁之后，每个月工资要增加200块钱，我自己就够用了啊！"

后来奶奶又认真地问了一句："这个'如果'到底是哪个？他为啥子要给我这么多钱哪？"

我曾问过奶奶的新年愿望是什么，好吃婆的愿望果然就是吃好吃的。若是非要让她说出个一二三的话，她眼珠子一转，乐呵呵地说觉得早上吃的发糕蛮好吃的，并一定要争取我的认同："你说好不好吃嘛。"

"我也觉得还不错。"

新年愿望，一块钱搞定。

奶奶作为一个女孩子，也有自己的包包、服装等饰品，但不同于我们年轻人的是，她的很多物件都是缝缝补补又一年。我有时鼓捣着想给她换一个新的，她都会一把拉住我的手，叫我不要乱花钱，说还是老物件用着习惯。

别看老太太在吃东西、喝酒上看似豪迈无比，实际上平时是很节俭的，连一张纸都恨不得要撕成四张来用的那种。

奶奶对金钱特别知足，可能也跟本身的成长经历有关，她内心对个人价值的体现更为在意。有时候跟她说到钱，她还会反问一句："那么爱钱啊？"

每次奶奶来我家看到有多余的衣服，都会劝我把它们捐给贫困山区的人，说不穿也不要浪费了。也许是受到她的影响，我们一家人对待金钱的态度都比较佛系，当然，花钱吃饭除外。

奶奶的每一件白衬衣上都有自己绣上去的蝴蝶或者花花草

草,很有自己的审美观。她还又谦虚又害羞地说:"都是以前绣的,现在不行了,手脚不灵了。"

奶奶生活的那个年代,大部分人的怀里都会有一个小荷包,里面放现金、硬币等小东西。她很纳闷儿为什么我们的衣服内部都没有小荷包,于是闲来无事的时候,她就自作主张给我们每个人的衣服内部都缝了一个小荷包,真是既温暖又可爱。

虽说现在奶奶不太记事,说话也是有头无尾的,但我觉得这正可以看出一个人天性的善良与纯真。

从前是这样,100年过去了依然如此,奶奶从来没有改变过。她做事不为钱财,救人不图回报,只想专心做自己擅长的事,帮助身边需要帮助的人。

知足常乐,容易满足,不贪心。

知足常乐,不是驻足不前,是感激现在所拥有的,珍惜现在所拥有的,并能坦然地接受自己未曾成功或无法实现的结果。

明白鱼与熊掌不可兼得,也不失为一种小智慧吧。

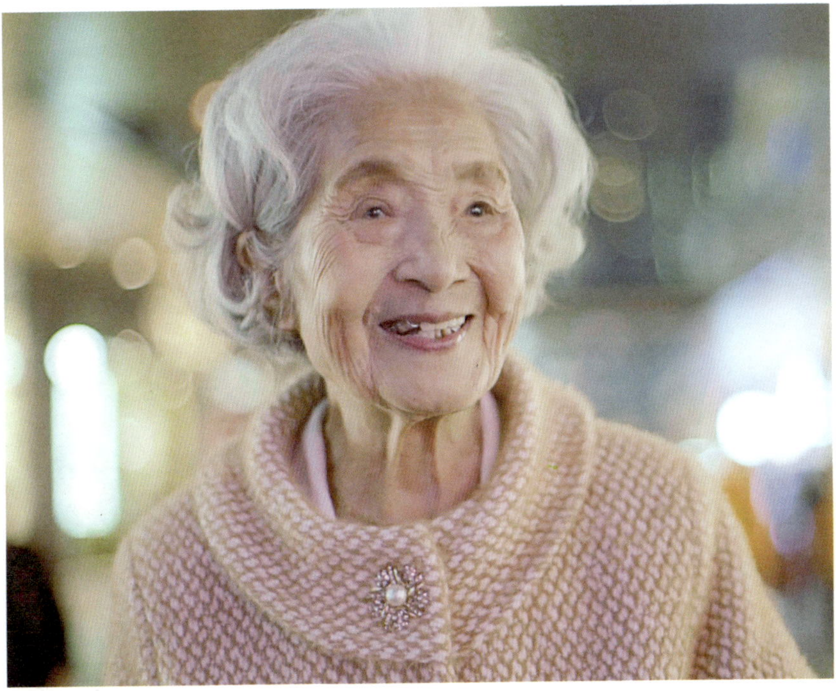

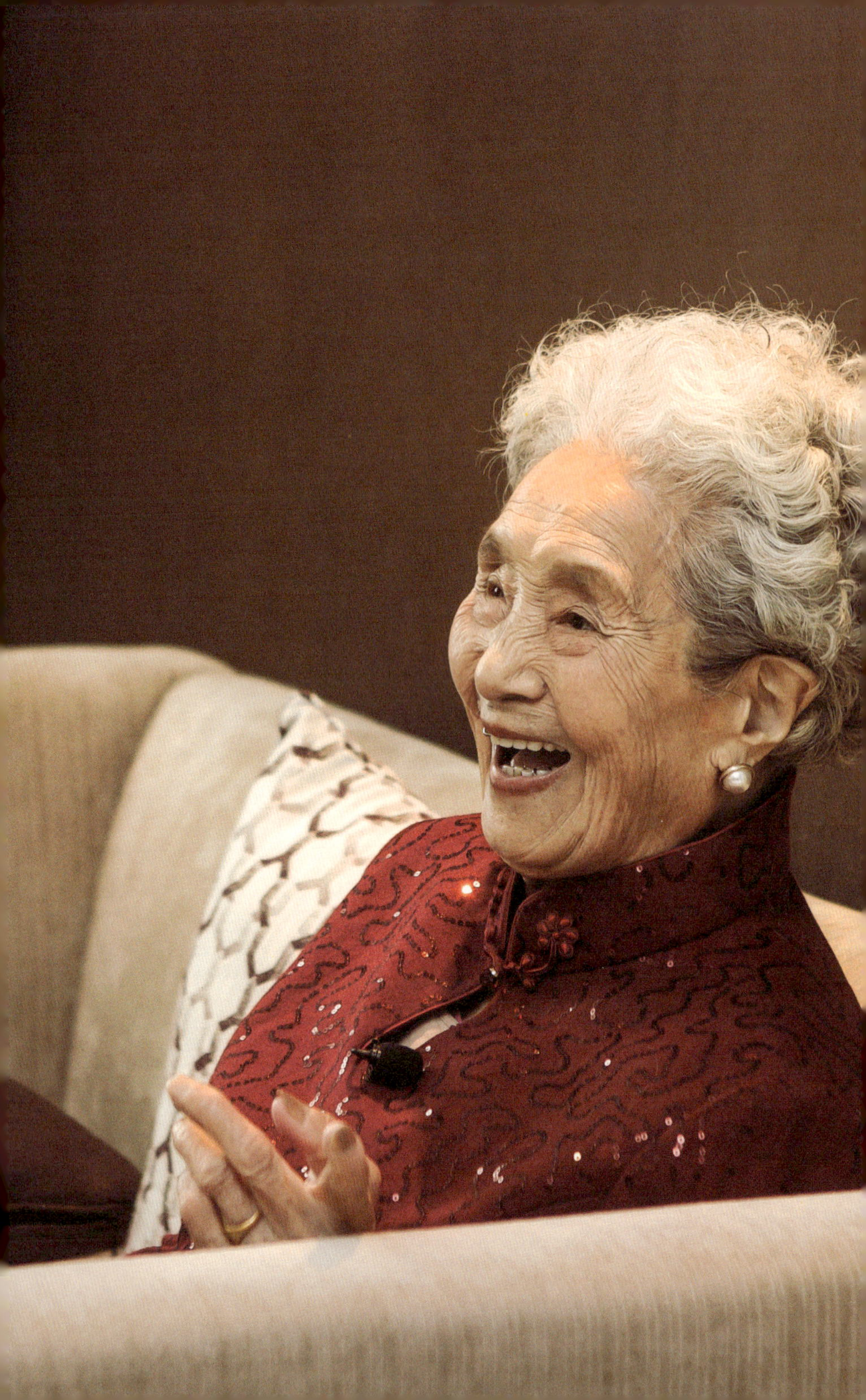

岁月带走青春的模样
让我陪你白发苍苍

我人生的节点，
每一节都想与你有关

人 REN
间 JIAN
滋 ZI
味 WEI

2016年年初，我进入互联网公司上班。

2017年2月4日，我认识了小马，自此开始一年半的异地恋生活。

从那时开始，我生活的组成部分就是工作、旅游（见小马）以及开车去爸爸家陪奶奶。

在还没有给奶奶拍视频之前，我们也是这样陪她玩儿的——逛吃逛吃、做美甲、涂面膜、买发夹以及去电玩城开赛车。

和奶奶去电玩城最有趣，她喜欢玩儿打枪的游戏，每次都听她不停地念叨着："哟嚯，我死了！哟嚯，我又死了！"反正就是阵仗很大，但是从来没见她赢过。

输了她也不气恼，还是笑嘻嘻的，很无奈地看看自己的双手，自言自语道："还是反应不够快哈。"而且在这方面她一点儿斗志都没有，输了就输了，接下来该去吃好吃的了，枪一扔兴冲冲地就找吃的去了。

和奶奶逛街，出现频率最高的一句话就是："这个好不好吃，那个好不好吃？"简直需要一双手帮她接口水了，那一双渴望的眼睛连小朋友看见了都会笑。

但是在很多方面奶奶的好胜心还是很强的：碰见同行要和人家比背诵穴位表；看见身体硬朗的老年人会不甘示弱地踢腿甩腰；在年轻人面前也坚决不承认有啥是她没听过、没见过的……

若是实在比不赢，就拉着人家比年龄，屡试不爽。

2018年4月，我和小马去印度旅游。那时刚开始接触某音，申请了现在这个账号，在印度拍了一些好玩儿的视频随手发在了某音上。所以现在某音号的第一条内容还是在恒河边拍的一条小视频。

之后，我也偶尔会发一些生活美好的小片段在某音上，粉丝也就是几百来个。

2018年7月，也是一个普通的周末，我驾车去奶奶家玩儿，和奶奶在家吃午饭。那时候奶奶的最爱还是可乐，去看她时，我偶尔会给她带汉堡和可乐。每次奶奶接过汉堡、可乐的眼神，都满满写着："你懂我！"

我就随手拍了个视频发到了网上。没想到很多网友在评论区里留言，说奶奶让他们想起了他们自己的奶奶、外婆，亲切得很。

想来也是很奇妙的一段缘分。

小马这个人，跟我是欢喜冤家，两个人经常是互相看不惯对方但又干不掉对方的状态。他撑我，我撑他。我俩经常在一个群里说一件正事儿说到吵起来，剩下群里的朋友无情地嘲笑我们。

我和小马一直是异地恋，他在上海，我在成都，大概一个月能见上一次。所以那时候一到周末我就会去奶奶家玩儿，顺便拍一些好玩儿的视频。因为小马从事影视制作的相关行业，所以奶奶的视频基本上都是小马剪辑的。

虽然奶奶和小马见面的次数不多，但是小马从我拍摄的视频中慢慢地开始了解奶奶，比如奶奶喜欢吃什么、喝什么，喜欢什

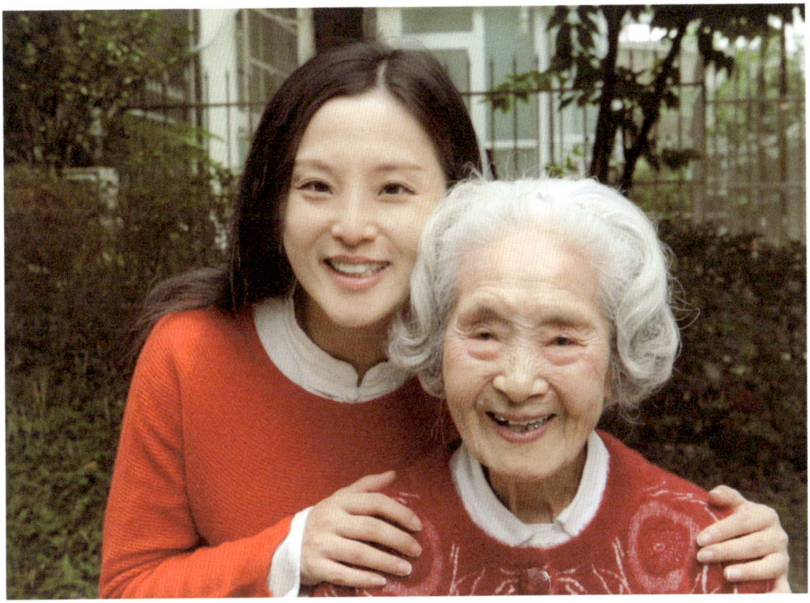

么样的衣服，有什么口头禅，等等。每次小马和奶奶见面就像相识很久的家人，相互都很喜欢。

说起来奶奶第一次见小马的场面还是很搞笑。

通常来讲，奶奶见到生人都比较害羞，所以见了小马后她也是如此，不太说话，只是一个劲儿地给他夹菜。偶尔奶奶跟小马说几句话，也是鸡同鸭讲，因为小马不怎么能听得懂四川话，更别说奶奶的自贡口音了。

小马看着碗里如山的饭菜说道："奶奶，太多啦！不吃了！"
奶奶满脸问号："啥子嘛？海带丝？"
小马又说："奶奶，您自己也吃啊！"
奶奶无缝衔接道："是嘛！糍粑是好吃！"

不过尽管小马拍了这么多次奶奶，他和奶奶也很少有独处的时候。即便有也是相对无言，语言的鸿沟实在太难跨越。所以奶奶跟小马相处起来，看着要文静一些。

但是每次见着小马，奶奶总会拿出她收藏在衣柜里的零食招待他，有时候是小饼干，有时候是萨其马，反正不太重样。

除此之外，奶奶还会邀请小马一同喝酒。好在小马作为一个北方汉子，酒量不错，也爱喝白酒，所以他偶尔会挺身而出做奶奶的酒友，奶奶还挺开心的。只是他经常得给我当司机，不得不扫了奶奶的兴致，所以我猜测奶奶那个时候更想念晓波叔叔了吧！

如果奶奶想要用白酒考验小马能不能成为一个合格的孙女婿，我觉得简直是没有难度的事情。毕竟奶奶是江湖上流传已久的半杯倒。

所以我只能用小马买的结婚戒指去问奶奶，看看他这戒指送得如何，以此测验小马在奶奶心中的地位。没想到奶奶看了两眼，非常不屑一顾，说小马这个人太小气，送的戒指就那么一点儿大，让我把戒指给他退回去，重新换一个大金镏子。

有一天，我告诉奶奶，说我要结婚了，奶奶很淡定地问："和小马啊？"我说："嗯，你觉得如何嘛？"奶奶说："好好过日子，让他来成都，你不要跑那么远。"我说："好！"

小马有时也深有感触："奶奶对我的评价，出发点永远是我是否待她的孙女好。如果我对孙女好，那么每次都有好吃的、好喝的拿出来招待我。否则，奶奶根本不会理我的吧。"

这个觉悟还是挺到位的。

不知从什么时候开始，我爱上了在睡前和奶奶聊天。一到晚上，我总有很多话想和奶奶说，也想安安静静地听奶奶谈天说地，总觉得这样的相处舒服又窝心。

2019 年 8 月 31 日，我和小马在成都市新华宾馆举办了婚宴。

我的婚纱是奶奶陪我去选的，当时也给奶奶选了一身漂亮的旗袍。我希望在自己人生中的重要时刻，奶奶和我一样漂漂亮亮的。

奶奶对自己的旗袍也很是满意，一边笑嘻嘻地嘲笑自己："老都老了还穿旗袍，老妖怪！"一边开心地对着镜子照来照去，不住地点头。

早在和婚庆公司策划婚礼仪式的时候，我就明确提出，希望奶奶能作为特别嘉宾登台。但奶奶又没办法站在台上讲话，怎么办呢？于是我想了一个主意，让奶奶陪我一起出场，送我到台前，然后把我交到小马的手中。

一般来说，送新娘的这个人应该是新娘的父亲，但是在这种特殊时刻，爸爸也只能给奶奶让位了。

此外，还有一个非常特别也很有意义的环节，就是在我走上台前的时候，奶奶会在花门下为我梳头。给新娘梳头的人通常都是生活幸福美满、有福气的女人，而奶奶恰恰就是完美的人选。这一仪式据说可以给新人带来和谐、财富以及多子多福。

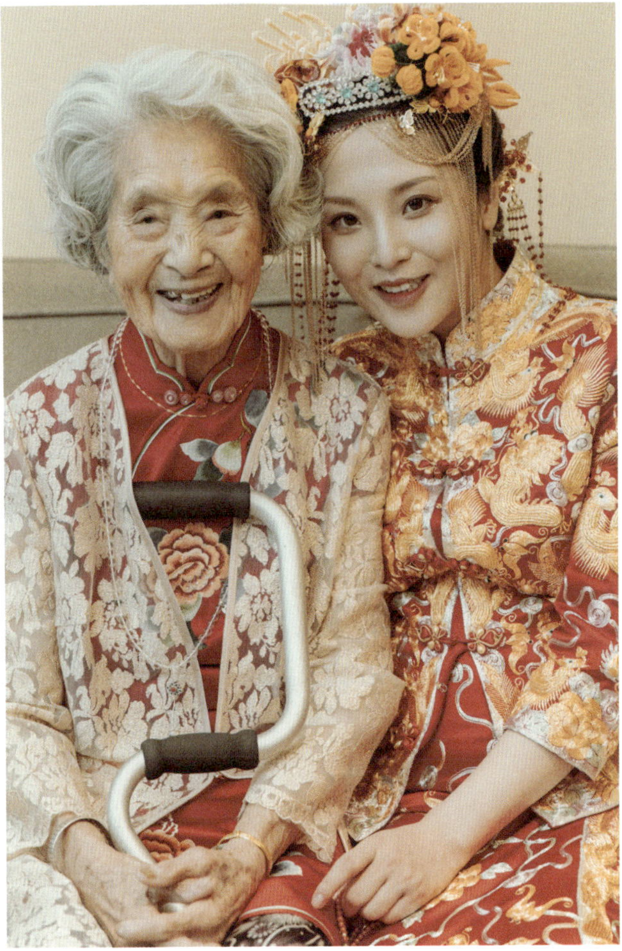

幸福，不过你为我梳头，你送我出嫁。

再后来，我有了宝宝。

奶奶第一次见到重孙是在我家看到了宝宝的 B 超照片。照片放在一个玻璃相框里，我把相框拿给奶奶，奶奶没看清，还以为是让她照镜子，于是对着镜框开始整理衣领，场面一度好笑。

于是我不得不说："这是你的重孙，重孙！"奶奶举着相框看了有好几秒钟，突然大笑："哦，娃娃！哈哈哈，就是这个家伙！哈哈哈！"她高兴地看来看去，冷不丁冒出一句话："像老汉儿（像爸爸），要是像你就要漂亮些。"看看，这就是我们老蔡家的自信感。

奶奶对小小马比对他爹上心多了。

奶奶在孩子还没出生的时候就给娃娃做起了手工小布鞋，还做了尿布片片。虽然那天她顶着 7 月的辣太阳，非要让小小马穿上新做的棉布鞋……行吧，为了守护奶奶的这份爱，我就放着秋天再给他穿上！

小小马出生后，奶奶乐呵呵地赐名"马云"。不要笑，奶奶是认真的，她不认得大名鼎鼎的"马爸爸"，她给娃娃起名"马云"，意为云里雾里放光彩，这是老太太最质朴的祝福。

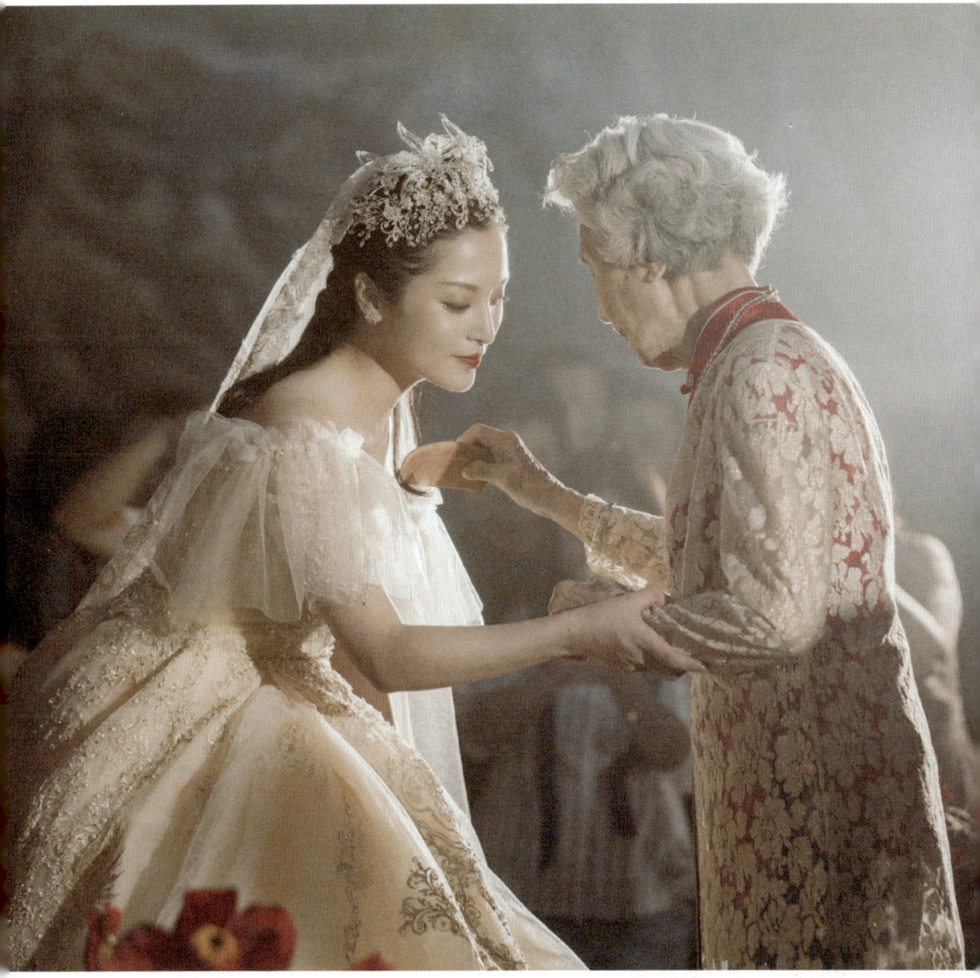

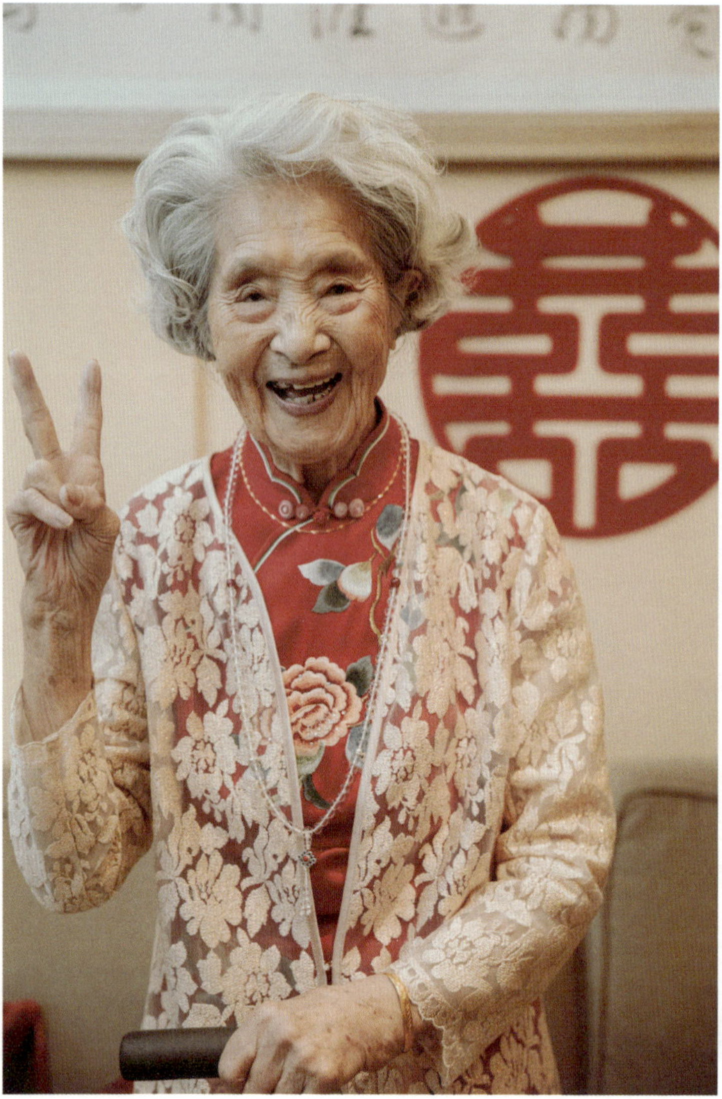

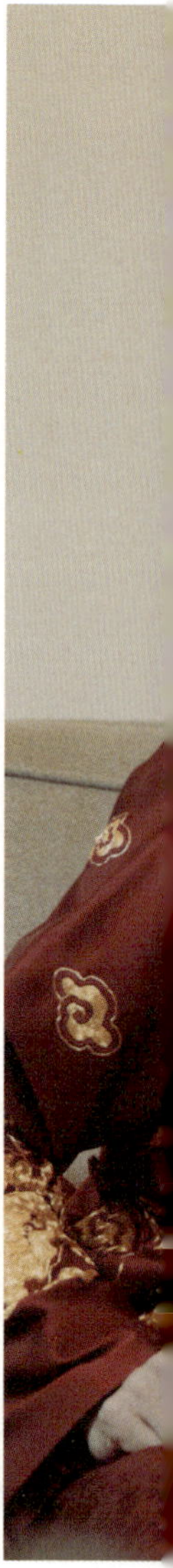

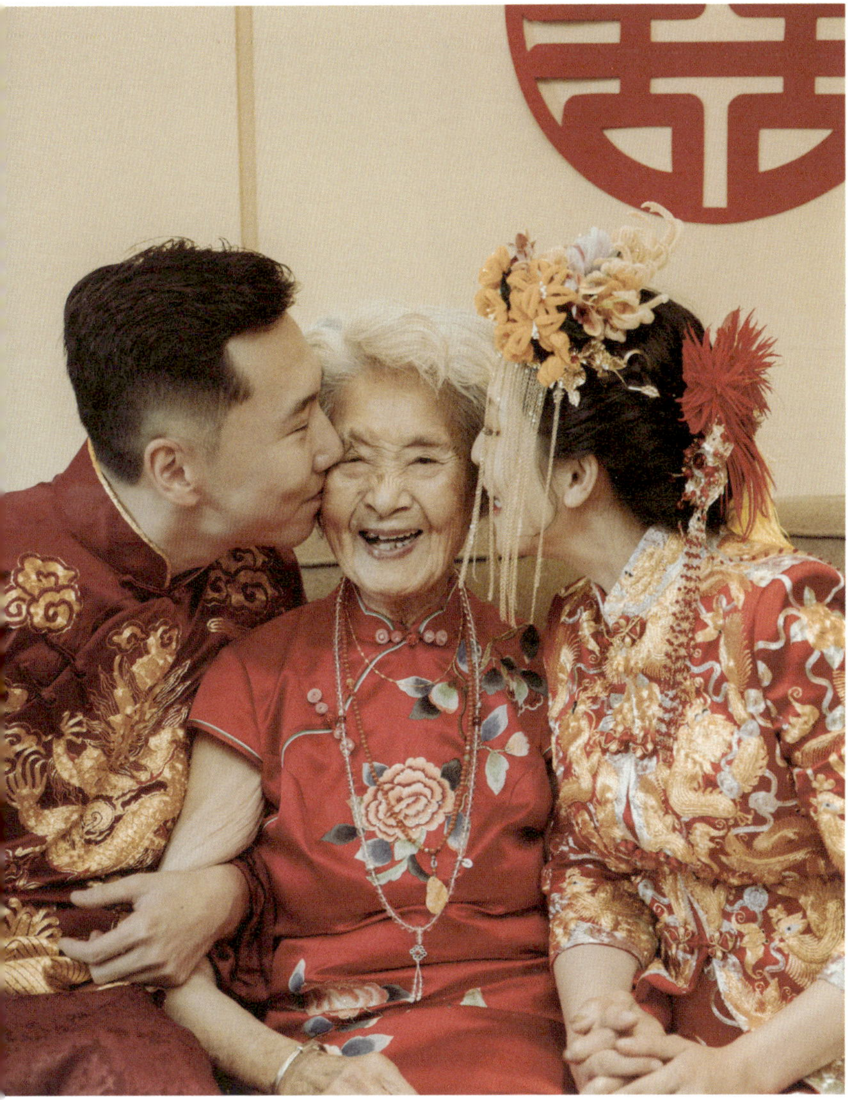

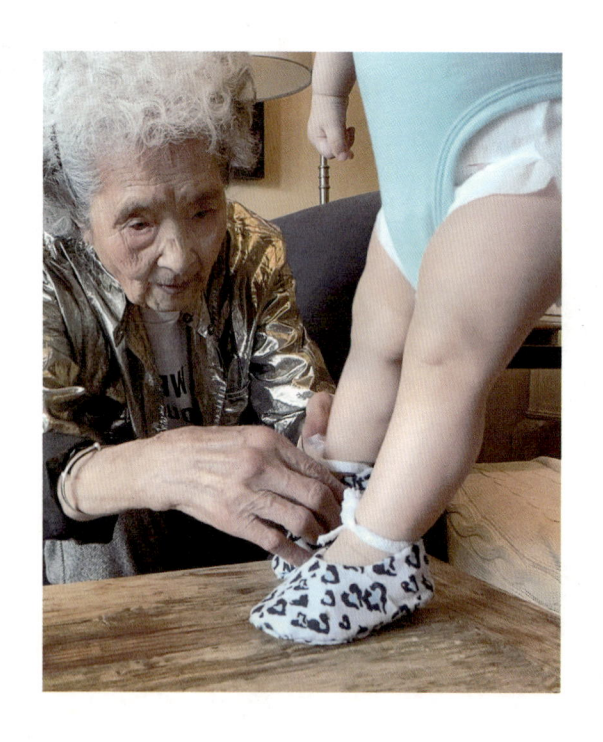

奶奶和小小马在一起的时候总是笑得合不拢嘴，就连小小马放屁拉屎，奶奶都觉得好。我们带小小马去弹琴，孩子啥也不懂一顿乱按，奶奶在一旁看着直竖大拇指，称赞道："弹得好，弹得乖！"仿佛看到一个即将问世的天才钢琴家那般喜悦。

　　尽管祖孙二人从没有对话交流，但是奶奶大抵是感受到了小小马给她的心电感应吧！毕竟这小伙子还是挺会眨眼放电的。

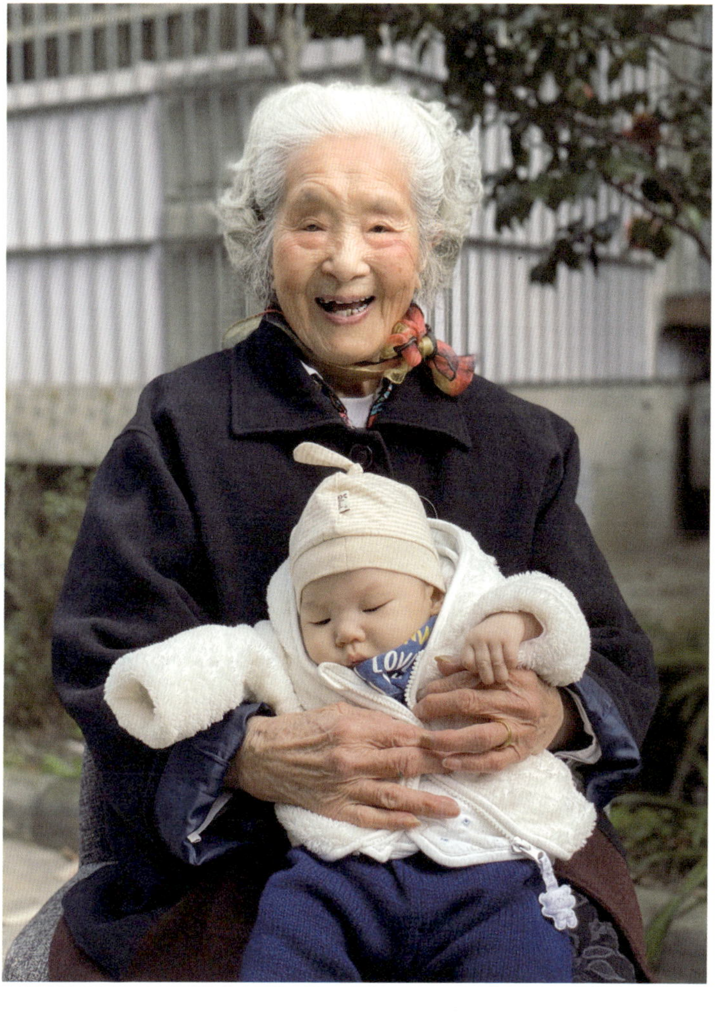

盛世长歌百岁人

人 REN

间 JIAN

滋 ZI

味 WEI

　　奶奶年纪大了,越发像个小孩子一样天真单纯。我们愿意多陪伴她,也愿意费些心思多给她一些平凡的惊喜。

　　100 岁的奶奶就像是全家人一同期待打开的一个盲盒,里面装着的,是满满的未知,因为零点钟声响起的那一刻,这个家族将首次迎来 100 岁的全新经历。

　　对我们而言,100 岁是一个了不起的年纪,毕竟"长命百岁"对很多人来说,是一种美好的祈愿和祝福。

但对奶奶而言，这仿佛是从 90 岁、92 岁、95 岁、98 岁、99 岁自然而然就抵达的一个年岁，去年 99 岁，今年 100 岁，就这么自然而然，没有什么心理波动和曲折。

但这一天，我们每个人都期待了很久。

曾问过奶奶 100 岁的生日愿望是什么，她也说不出个啥来，都是些很朴实的愿望，吃好、喝好、耍好，简简单单。

不过想想，如果我能活到 100 岁，大概也说不出什么新鲜的愿望了，能天天开开心心、健健康康，比什么都强。

虽然奶奶没觉得是个大事儿，但我们还是想尽量让这个"盲盒"更像蔡家的风格——温暖的、团聚的，又有点儿小惊喜的。

筹备

100 岁，当然要热闹一点儿。

不过筹备的时候还真把我们给难住了，要说我们办过什么类似的活动，说来也就只有自己的婚礼了，这时候真希望自己拥有丰富的活动策划经验。

我们想把生日宴办得有特色一些，但又不希望太过刻意。包括在请哪些人来参加的方面，也思考了很久。毕竟很多人都在关心着奶奶，我们也有很多人想感谢，但如果全员邀请，可能真是一个世纪宴席了。

家，是我们的传统和凝聚所在，于是我和家人左思右想，决定还是把这个生日宴做成一场有特色的家宴。

结过婚的朋友应该有感受，婚礼看似普通，其实操办起来很累人，而这场生日宴的操心程度真是比婚礼还甚！不过回忆一下，我对自己的婚礼好像也没怎么管，都是小马在操办。

记忆中，奶奶的生日并没有怎么大操大办过，通常都是家人简单吃个饭。但奶奶的 100 岁，我想为她留下一段深刻的记忆。

奶奶当天要穿什么，大家来这里可以吃什么，寿宴的环节应该怎么设计……这对我们来说，都充满了无限挑战。毕竟百岁寿宴实在是难以找到太多的借鉴方案。

所以我们一家人和几个玩儿得好的朋友成立了一个寿宴小组，那时候基本每天都会拉着大家一起开会，将寿宴的嘉宾、流程、亮点一项一项逐一敲定。

我当时简直有点儿"走火入魔"了。

因为奶奶本身是"网红",网上有很多朋友也在关注着这场寿宴,基本上每条视频下面都有朋友会问,奶奶的百岁寿宴要怎么过。这让我的心理压力非常大,我太想要呈现一场很完美的、有意义的寿宴跟大家共同分享。

所以那时候我每天都很焦虑,急得像热锅上的蚂蚁,和隔壁那位老太太的淡定形成了一个鲜明的对比,真是皇帝不急那什么着急。

不过,就在大家热烈讨论的时候,一位朋友点醒了我:这是我自己亲奶奶的生日宴会,我们不要把它想成一场公关性质的活动,最重要的难道不是让老太太开心吗?

一语惊醒梦中人。

于是我们决定舍弃之前相对华而不实的活动方式,开始思考哪些是能真正给奶奶带来快乐的事情。

尽管背地里忙得热火朝天,但奶奶其实啥也不知道。我们一直跟奶奶说的是,今年100岁也是一家人在一起简单吃个饭就好,对此奶奶也挺乐呵的。于她而言,家里人能凑在一起,就是最大的满足了。

后来,沿着平时"整蛊"奶奶的思路,我们想到了一个点子:奶奶喜欢热闹,如果我们把那些她多年未见的朋友请来给她过生日,她一定会很高兴。

于是我们一边告诉奶奶今年就跟往常一样,一边开始着手联系奶奶年轻时候玩儿得好的同事、朋友们。但是这一切,在奶奶推开寿宴的大门之前,是不会有人告诉她的。

进入短视频领域两年多,幸得网友们的支持,我们才有动力持续去拍摄好玩儿的内容,在积极生活这个领域给大家带来一些正向的影响力。

我们也思考过应该怎么"宠粉"。

因为我自己算是个"中年少女",钟爱理疗、按摩、养生这些东西,所以我想送给粉丝的礼物基本上也都是这个类型的。去年端午节,我跟奶奶一起做了一些手作香囊,拍了一个视频送给大家。那是我们第一次送礼物,虽然不贵重,但还是得到了朋友们的支持。在和大家的交流中我们发现,大家其实不看重我们的礼物到底有多么贵重,这其中的情谊就已足够。

所以借着这次百岁生日宴,我想要不请一些真爱粉来参加吧!说定就定,我们先拍了一些视频,预告奶奶的百岁生日宴时间。

说起怎么找人选也挺有意思的。我们担心外地朋友过来比较折腾,还专门去春熙路做了随机街采,问大家知不知道奶奶。没想到的是，很多人都认识奶奶，对奶奶的口头禅都能说出一两句来，实在让我们受宠若惊。

百岁宴

寿宴当天，我把奶奶从我们休息的房间带到楼下寿宴的举办地，这个时候，场内负责灯光、摄影、直播的小伙伴们早已准备完毕。

我牵着奶奶的手，祖孙两人就像来看热闹的一样走到寿宴门口："奶奶，这儿有点儿安逸（指对某种事情或某个东西感到高兴、满意）哦，这里是不是有人在吃饭哦。"奶奶也毫不知情地充满了好奇。

推开宴厅的大门，里面漆黑一片，奶奶还嘀咕了两句："黢莫黑的嘛。"我用手轻轻蒙住奶奶的眼睛，询问道："奶奶，明天就是你的生日了，我们送你一个礼物呀？"

奶奶一如往常地摆摆手："不要送！"大家都被奶奶这句话给逗乐了。

蒙着奶奶眼睛的双手放下来之后，大厅里响起了生日快乐的音乐，亲朋好友们一起为奶奶合唱着《生日快乐歌》，厅里的灯光缓缓亮起。奶奶的表情也从有点儿惊讶到开心地、笑盈盈地接受大家给她的祝福。

我们走过人群,奶奶不停地跟大家点头表示感谢。后来我们看录像的时候还在感慨,奶奶真是临阵不乱,遇到啥大场面都不着慌。

100岁,值得一次"兴师动众"的仪式感。

我们给奶奶设置了一个拜寿仪式,一家人从天南海北相聚而来,一起拜寿。

由蔡家的每一代儿女接力,把奶奶从寿宴大厅牵上舞台。每个人把奶奶牵到手上的时候,都有一个属于他们和奶奶专属的"回忆杀"。

而后奶奶将在蔡家第二代人的陪伴下来到主舞台,同时,晚辈们将为奶奶送上特别的仪式。

蔡林希也从泰国回来了,这次倒是把他狠狠折腾了一番。他从泰国回来后在上海隔离,刚好隔离结束就是奶奶生日宴当天。

一向很注重形象的蔡林希,这次顶着一头花头发就走上了舞台。用他的话说,舞台上尽量不要关注我,太丑了。

但是当奶奶看到林希的时候,他又改口道,隔离算什么,奶奶见到我眼睛都放光了,还有什么不值得的呢。

顺带提一句，由于当天请到了奶奶几十年没见的老邻居、老朋友、老同事，还有定居远方的亲戚，奶奶高兴得饭都没怎么吃，一个劲儿地公关交流去了。看着老年同志之间回忆往昔，我倒是也别有一番感慨。

当时我们还没开过直播，其他主播都在跟粉丝直播聊天，我们就像完全不属于这个行业的人，除了专心拍视频，一切都显得很落伍。

虽然这次生日要操心的事情还挺多，但我还是想尽量给大家做一次直播，让大家可以在线上参与寿宴。

我是典型的平时话多，一上镜就紧张的类型。因为家里人也都要参加和筹备寿宴，所以当时的直播请了朋友来代劳。

上午十点左右开播时，奶奶正跟我在酒店里梳妆打扮，朋友举着手机进来的时候，奶奶还在因为穿上了一件不喜欢的红色衣服闹着小脾气。当奶奶推开门走进寿宴现场的时候，竟然有近7万人同时在线观看，真的太让我震撼了，实在感谢大家对奶奶的上心和祝福。

下午四点多寿宴结束。因为前期筹备真是把大家累坏了，所以我们赶紧组织大家去吃了个火锅，席间聊起来这事儿还是觉得挺自豪也挺搞笑的。

自豪的是，五六个人干完了一个策划公司的活儿；搞笑的是，大家都是被逼出来的，因为我们本身都是乐观佛系派，并且还有自己的本职工作，真是全靠空余时间挤出精力来规划寿宴的事情。

虽然疲倦，但寿宴当天真的点亮了好多感动——百岁之际，儿孙承欢膝下行祝寿之礼，这大概就是凡人俗世的莫大幸福啦。

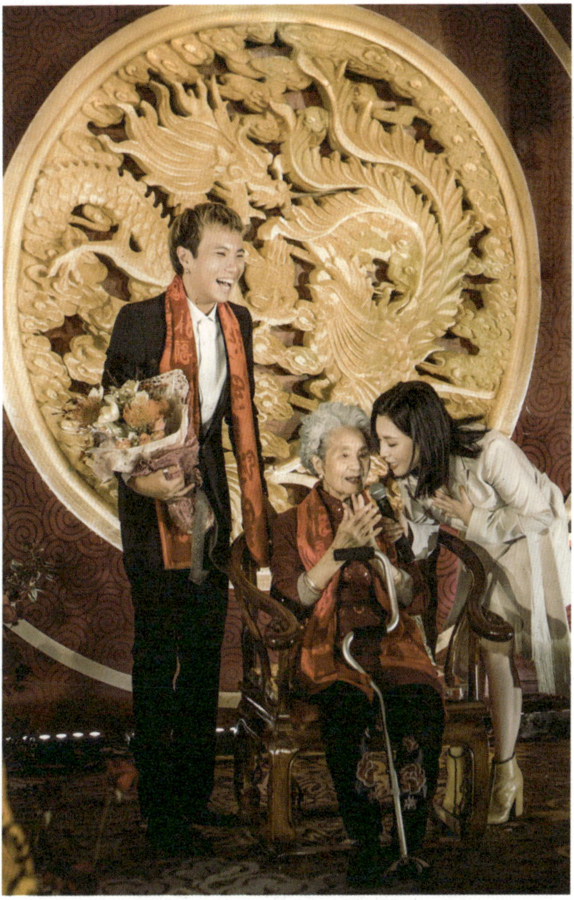

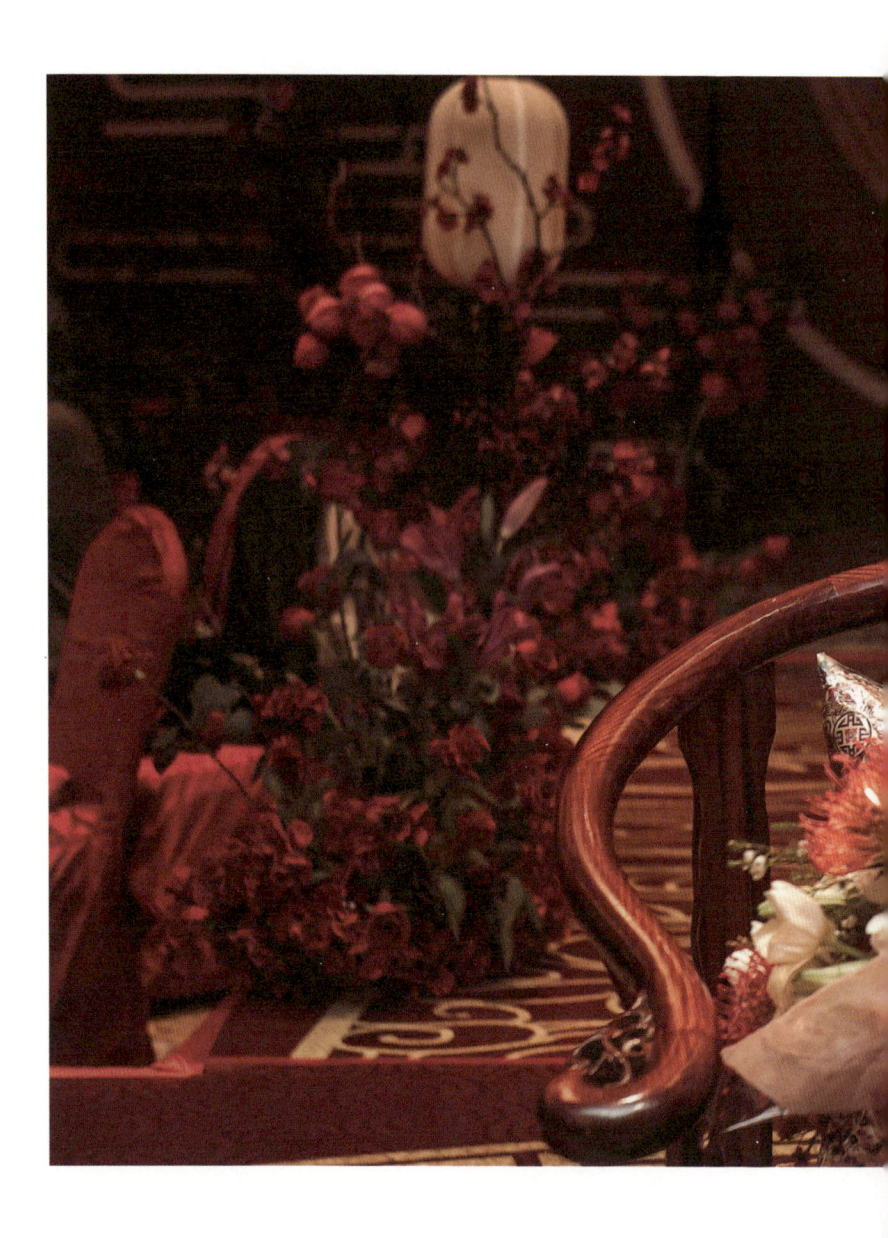

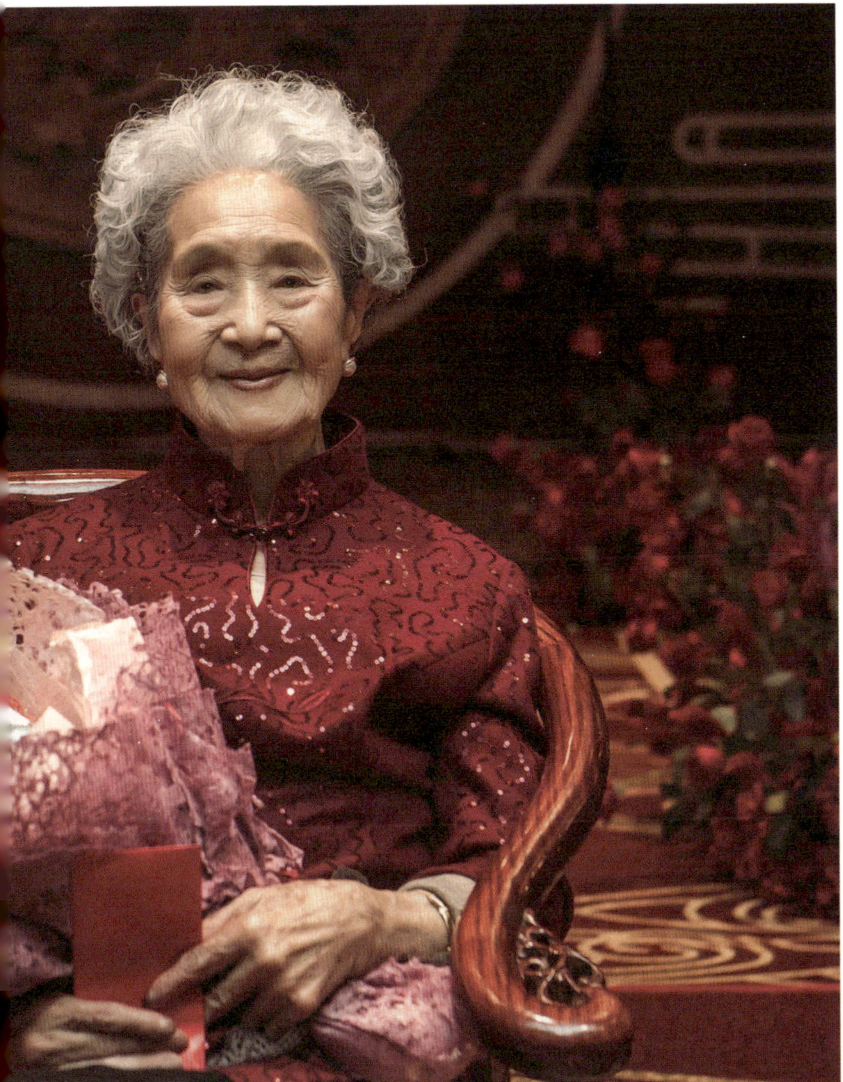

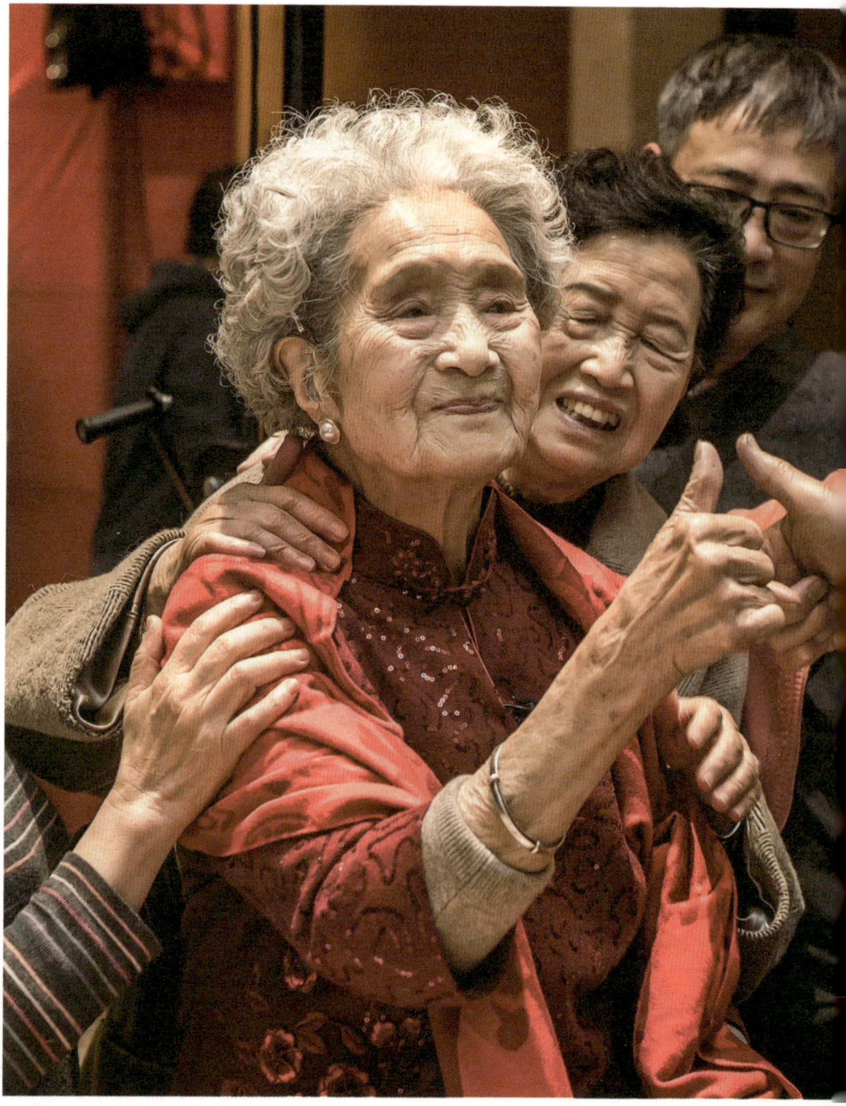

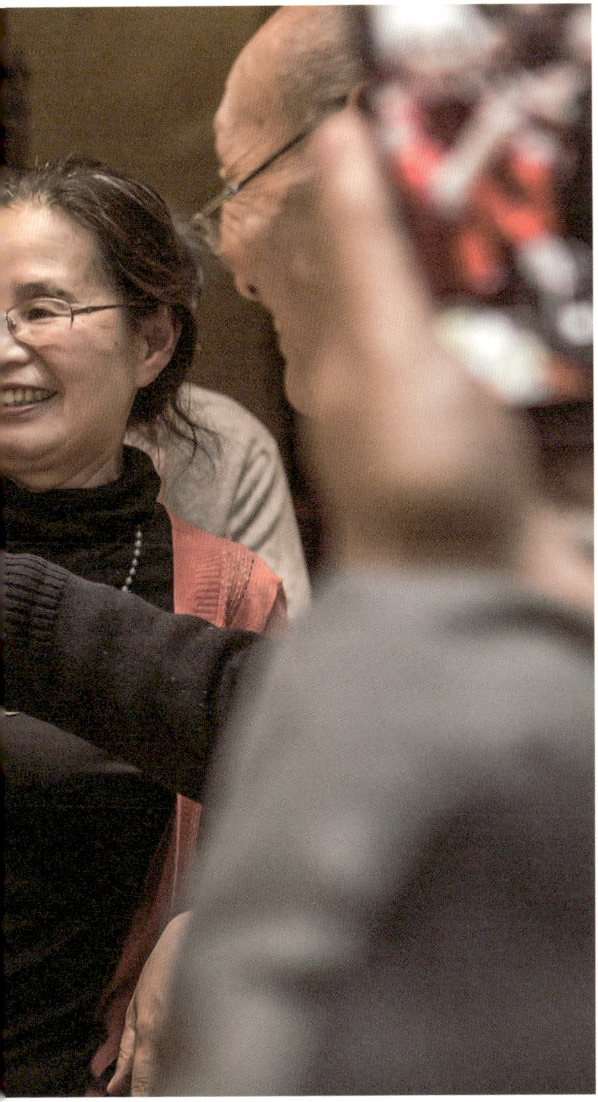

最不善于 social 的网红

人生是一场奇妙的经历，生活总在不经意间给我们惊喜。

原本奶奶就是一个普通人，每天看着别的网红明星的视频开开心心，从来没有想过自己也会加入他们的行列。奶奶只是在偶然的情况下被拍了一条视频，随手传上了网，一夜之间变成网红，还是全网年龄最大的网红。

这真的是很奇妙。

我发现很多网友对奶奶的生活方式感到好奇，并喜欢上这位年龄虽大但个性和年轻人很贴近的奶奶。慢慢地我开始分享奶奶的生活日常，比如她吃火锅、吃烧烤、喝可乐、喝白酒等一点儿都不养生的生活方式，每一条视频都流露出奶奶乐观开朗的性格以及前卫的思想理念。

有很多网友给我私信留言，诉说他和自己爷爷奶奶的故事，我也都一一回复，和他们交流一些感受。

但我觉得某些方面，我们应该是全网最不善于 social 的网红吧——基本不参加各类公开活动，视频拍摄的主角也永远只有奶奶一个。

没有让奶奶跟大家伙儿一起玩儿，年纪大只是一个方面。

有一次，某音有一个活动在成都举办，离我们家也很近，所以我就带着奶奶去转了一圈。

主办方给奶奶颁了一个"城市美好体验官"的奖项，一起上台的还有毛毛姐、贫穷料理等我本身很喜欢的短视频创作者。哪儿想到奶奶上台后就跟人挨着握手打卡，握完了之后还双手合十对台下鞠躬表示感谢，真的太有仪式感了！

当时台上的达人一脸蒙，有些人已经要憋不住笑了。

后来多余和毛毛姐在我们发的视频下面评论说他站在奶奶旁边有种追星的感觉，真是笑死人！

奶奶压根儿不知道发生了什么，下台后还骄傲地说了一句："台上就数我年龄最大。"还叫我们把奖杯打开，看看里面有没有钱。一听说没有，嘴巴立刻噘起来了，真是个财迷！

所以你看，把奶奶跟大伙儿凑到一起玩儿，是不是会发生一些不可描述的事情？因此，我们决定还是安安静静地在家玩儿，顶多出去吃吃火锅、小零食就挺好的。

虽然距奶奶成名也有一段日子了，但她一直都不知道自己是全成都知名网红，甚至都不知道某音是什么。每次我拍她，她都当我不存在，所以完全没有丝毫表演的痕迹，生活中的她是什么样，镜头下的她就是什么样。

大概是2018年9月，也就是我发某音的两个月后，我带奶奶到商场吃饭时第一次遇到了粉丝，他们和我们打招呼并问道："奶奶今天吃火锅了吗，喝酒了吗？要保重身体哦，祝你健康长寿。"

我在一旁连连道谢，并告诉奶奶，这些都是喜欢你的人。奶奶虽然有点儿没搞清楚状况，但还是高兴地对大家表示了感谢。

还记得有次遇到了一对年轻情侣，女孩儿跑过来抱着奶奶说："奶奶，我好喜欢你，我是你的粉丝！"然后转身对着男友说："哇！见到真奶奶了！"然后他俩就抱在一起转圈圈，真的好可爱。我在一旁都能感受到好幸福。

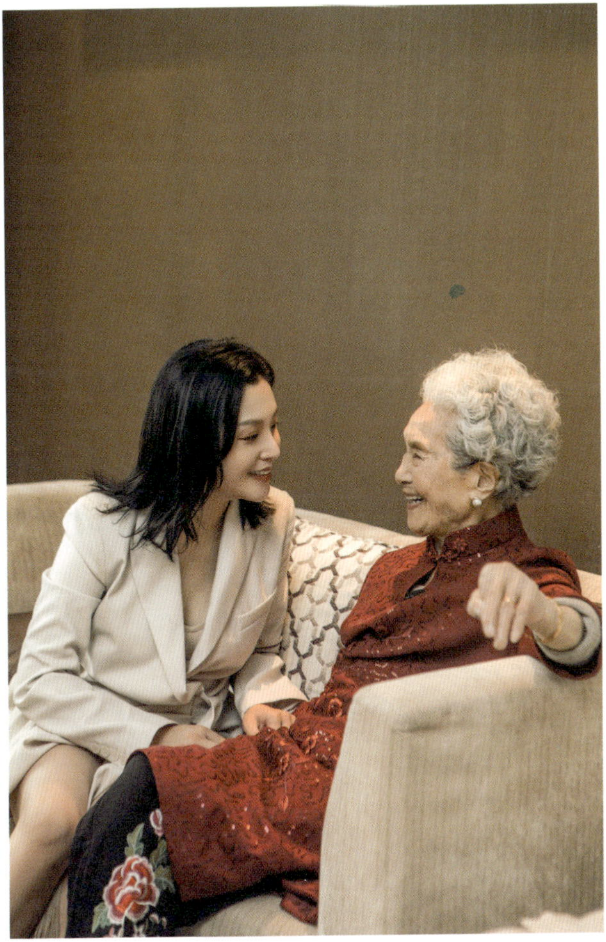

后来我们每次出去拍摄，基本都有朋友在一旁惊喜地说："这个是那个网红奶奶啊！"然后奶奶就会不明所以地冲人笑笑。

面对粉丝的"围堵"，奶奶有点儿云里雾里的。

面对要奶奶签名的粉丝，她更是一头雾水："咋个要喊我写字哪？我写字丑得很！照相嘛！"

然后我问她："奶奶，你晓不晓得为啥子大家都喜欢你呀？"

她回答："跟着我耍好耍嘛！"

我又问："那你晓不晓得为啥子大家都要跟你照相呀？"

她很认真地想了想说："肯定是因为我长得乖噢！"

这倒不是因为奶奶红了之后膨胀了，而是她一直都很自信。

很多朋友问我，奶奶火了之后生活有没有什么变化，仔细想想，好像真的没有。

虽然有媒体叫她"网红奶奶"，但我一直认为我们只是普普通通的一家人，做着普普通通的事情，若不是因为现在互联网发达，可能奶奶的人生小哲学和日常快乐也传播不了这么远。

有趣的是，奶奶的粉丝是以家庭为单位聚集的，达到了人传人的效果。一般一个人成为了奶奶的粉丝，那么他的家人很快也会成为奶奶的粉丝。当听到这些反馈时，我由衷地觉得自己无比幸运，奶奶的陪伴为我的生活带来了无穷的欢笑和热闹，能将这份幸福传递出去，也是幸事一件。

我有个小心愿，我希望有更多人能认识奶奶、喜欢奶奶，我觉得能带给大家快乐和正能量是十分有价值的事。

通过这两年的亲身经历，我觉得作为网红，是有传达正能量的使命的，而这种正能量恰恰源自最真实的生活。

所以对于我和奶奶来讲，踏实地过好每一天、做好每一件事才是最重要的。

邻居眼中的二娘

人 REN
间 JIAN
滋 ZI
味 WEI

我叫小玲，今年 60 岁。

喻泽琴是我的二娘，也是小时候我的邻居。

当年我也住在桂花巷，桂花巷的桂花树年年不开花，于是二娘家门外就种了很多苹果树。她是一个十分注重生活品质的女人，日子再穷再苦，她都把自己打扮得体体面面，情绪也欢快得很。

那时在成都，医疗界横行两大金刚，

分别是妇科专家王汶川（大人们这样说，但是不是这样写我不确定），还有就是针灸专家蔡玉林。

蔡玉林就是二娘的公公。

蔡家是针灸世家，蔡玉林的医术更是十分了得。

很小的时候我亲眼所见，一个重度昏迷、已经快不行的病人被抬到他的面前，他用三菱针一针扎进那个病人的耳朵里，把血"扑哧"一放，人愣是活过来了，醒了喘着粗气，家属在旁边七嘴八舌说着感谢。

二娘对蔡玉林更是崇拜得不行，觉得他医术好，心地善良，是自己一生的榜样。

二娘的婆婆也是行医之人。蔡玉林去世后，余氏更名换姓，改叫蔡继林，决心要把丈夫的事业继续操持下去。那时蔡家收了八个针灸学徒，二娘就是其中之一。

我活了超过半个世纪的年岁，二娘是我见过的最善良、最宽容、最有信心、最有希望、最乐于助人的人，她从来不晓得怄气，天天都能听到她"哈哈哈"的声音。

我10多岁的时候，有一次把炭灰掉在了扫把上，引发了我家的火灾。二娘闻到味道，第一个冲进来扑火，进门的时候还摔了一跤把脚崴了,肿了好多天,一开始的时候连床都下不了。

这件事情我一直都很过意不去,二娘却笑笑说:"我早就搞忘了哦!"别人的事就是她的事,她帮助别人从来都是不图回报的。

每天早上五点钟,天不亮她就准时起床,八点之前就洗好了三床铺盖,给娃娃们煮好了早饭,然后就咚咚咚跑步上班去了。她上班的地方是灯笼街青羊区第一人民医院,那时她自己带了五个娃娃,但是上班却从来没有迟到过。

上班期间,家里的五个娃娃就是大的带小的,秩序井然。

二娘会准时下班,因为要给娃娃们煮饭。她在路上一边择菜一边走路,回家就风风火火地炒菜,并且家里还有病人等着她看病。

为什么家里还有病人哪?因为二娘看病不收钱呀!

她医术好,人又善良,对待病人不说金钱、不提回报,"桂花巷喻二娘"的名声渐渐传开了,好多病人在她家里排着队找她看病。

尤其是端午节,那时候很流行喝雄黄酒、烧艾草来调理身体,病人更是打堆堆地去二娘家里看病。

二娘家的娃娃们会搬出几条长凳子,请病人排号等候,娃娃则负责帮她叫号。这个阵仗，除了不收钱，简直是个小医馆了。不管是要饭的还是达官贵人，都得乖乖地坐在长凳上等喻医生看病，大家闲来还会相互吹吹皮、摆摆龙门阵，在小医馆里实现了"众生平等"。

对于患者，二娘向来是来者不拒，哪怕半夜三更有人在屋外敲门叫她，她也会二话不说提起医药箱就出诊。

二娘的医术有多高明呢？那时成都流传着一句话"快快快，快去灯笼街，喻家医生在"。

那时候痛风病人多，我记得有个在饭点里舀饭的老太太，由于长年站在蒸笼旁边舀饭，湿气侵身，十个手指都是弯的，痛得整夜整夜睡不着觉。二娘经常半夜打起灯笼去给她扎针。调理了两个月，虽然手指依然是弯的，但疼痛却得到了极大的缓解，乐得老太太的儿女眉开眼笑，追着要给喻医生送挂面。

后来，老百姓生活过好了，癫痫和脑出血的病人就增加了。我们邻居有一位癫痫病人，是一位70多岁的爷爷，半夜犯病时他的儿女就去敲二娘的门。二娘从来没有觉得被打扰过，一听到隔壁动静，马上翻身提医药箱，叮叮咚咚地去救人。虽然那位爷爷不久之后去世了，但是爷爷的后人直到现在都还记得喻医生当年的恩情，除了感谢还是感谢。

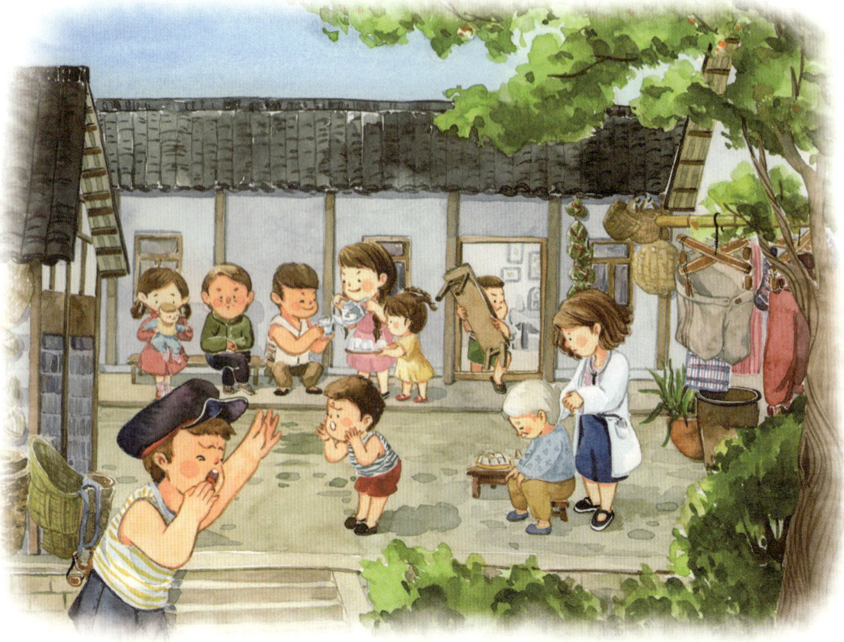

针灸讲究配穴、配药，针谁都会扎，但是扎不扎得好，全凭经验和胆识。二娘只念了初中，初中毕业后就从富顺来到成都进了蔡家。她的医术全是靠几十年行医治病积累来的。

20世纪70年代那会儿，二娘因为工作上进、成绩斐然，当选了先进个人，先进个人是要去锦江宾馆领奖的！结果还没有去锦江宾馆，有个病人托人找到二娘，二娘当即就提着医药箱出诊去了，奖也不领了。

后来，医院领导换了另外一个人去领奖。二娘也乐呵呵地笑："哎呀，人救回来了就好，人命可比啥奖都贵重！"

当时我很不解，问二娘："二娘啊，你晓得不，得了先进个人，单位是要发锅、发毛巾、发餐具的哦！"那时的锅和毛巾相当于现在很丰厚的一笔奖金了，我以为二娘会后悔错过了这些，毕竟她平时在菜市场砍价砍得可厉害了，锅和毛巾可比菜贵多了。

二娘笑嘻嘻地回答："锅和毛巾，我家有的嘛！但我今天是救了一个病人哦！"你看，二娘就是这么算账的——金钱、物质在她的眼里永远没有病人重要。她常说："变人好不容易哦，这辈子当了人，就好好活嘛！"

行医就是她毕生的追求，我记得在昀恩的婚礼上，100岁的她坐在桌旁，还在自言自语地背着穴位表，然后又唱："学习雷锋好榜样，忠于革命忠于党……"她太爱治病救人了，有时我觉得她的人生就好像是为这件事而存在的。

　　二娘是我见过性格最好的人,她根本不会生气,也从不跟人计较。砍价除外,在菜市场砍价的时候,她也是寸土必争的主。

　　说句老实话,二娘的饮食习惯一点儿都不像是长寿的人应该有的。比如三年前,她一口气要吃四个鸡蛋。后来看了电视,专家说吃鸡蛋太多对身体不好,她才改吃两个鸡蛋的。那种重盐、重油、重糖的饮食习惯,换成其他人早就"三高"了。所以我想,她的长寿要归功于她的不生气、不计较、心态好。

　　二娘像一台永动机一样,精力旺盛,从来不喊累、不叫苦。70多岁了还站在很高的地方擦玻璃,连她的儿媳妇都看不下去了,说道:"您就不能休息一下?摔一跤咋办哦?"她又打哈哈:"哪里就这么金贵了!我就是停不下来。"

　　我唯一见她停下来的时候,就是二叔走的那段时间,她变得特别安静,喜欢一个人静静发呆。二叔走的时候我很是担心她,从前她的脸上没有一刻不是挂着笑容的,二叔一走,感觉她整个人都垮了下来,人也瞬间老了许多,皱纹像是一夜之间长出来的。

　　后来儿女们轮流照顾她,很长一段时间后,她才慢慢恢复了从前的快乐和感染力,还开起了二叔的玩笑:"我家老头儿就没活得赢我!"

现在我跟她开玩笑:"二娘,你这个心态有法活到 120 岁哦!"然后她就嘻嘻哈哈开玩笑:"那我活到 130 岁了怎么办哪?还继不继续活?做人不能言而无信哪!"

她现在越来越好耍了,遇到任何人都要炫耀自己活了 100 岁,很认真地用手指比一个"1"。身边人也很配合地竖起大拇指夸她:"了不起、了不起!"

以往都祝人家长命百岁,既然二娘已经百岁,就祝她福寿绵长,活他个 120 岁吧!

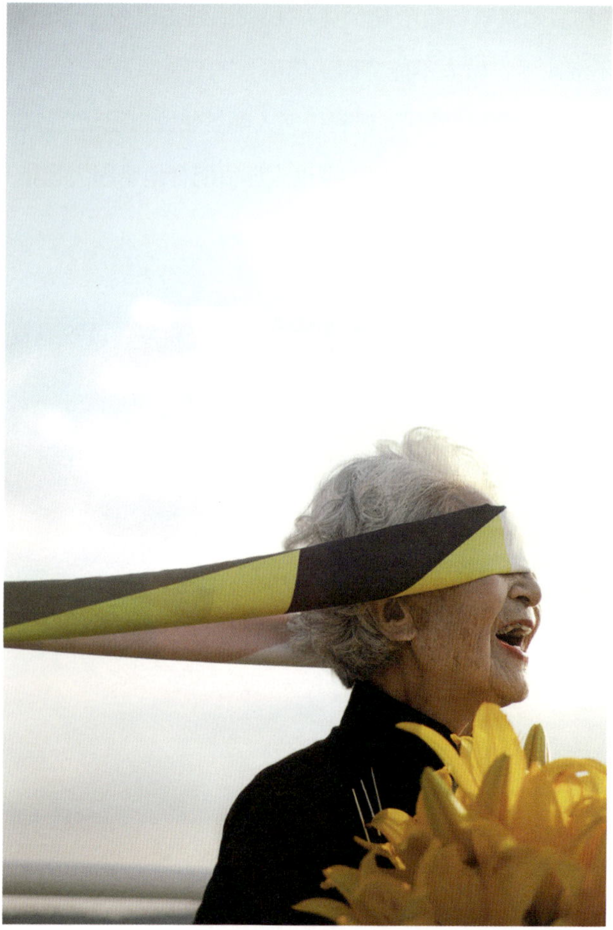

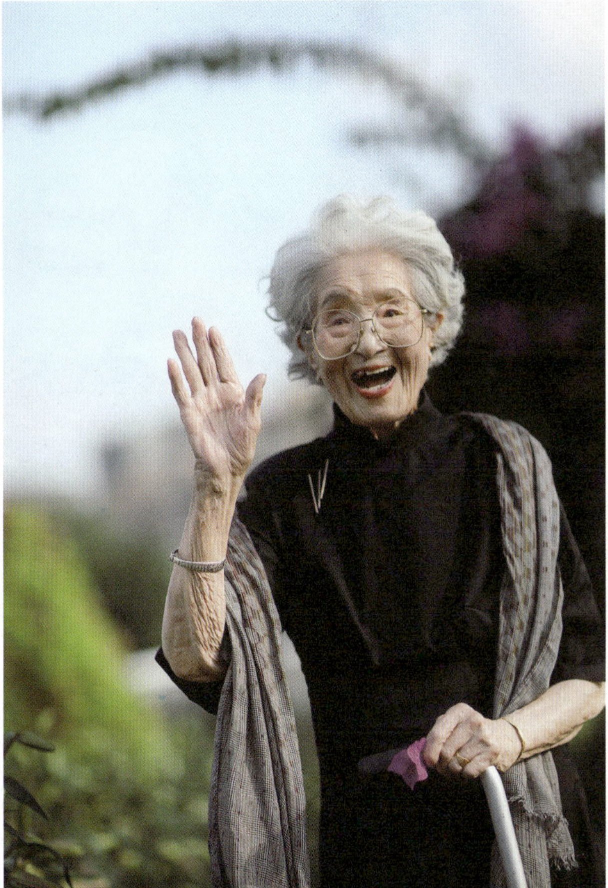

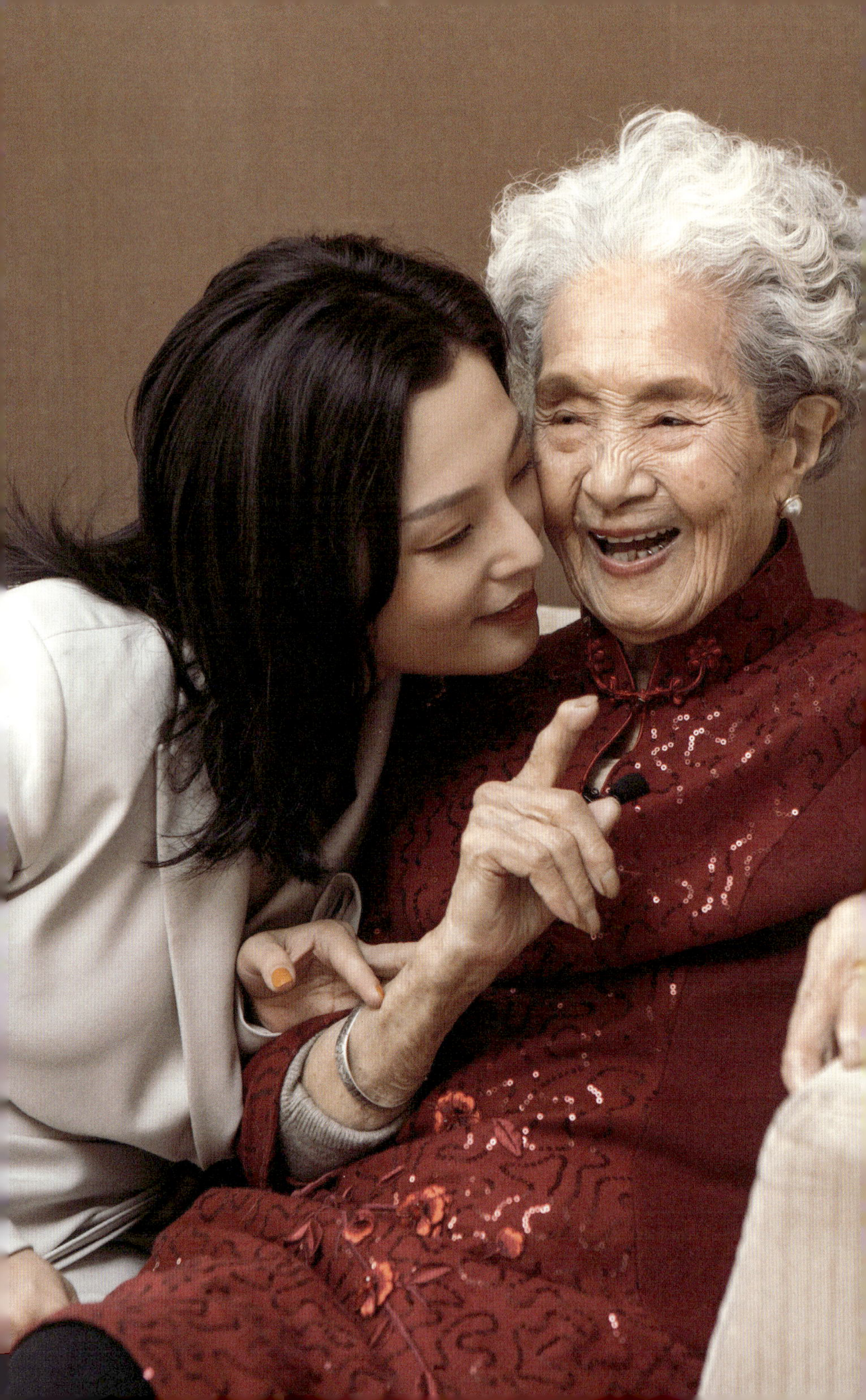

谢谢你爱我
往后余生换我来宠你

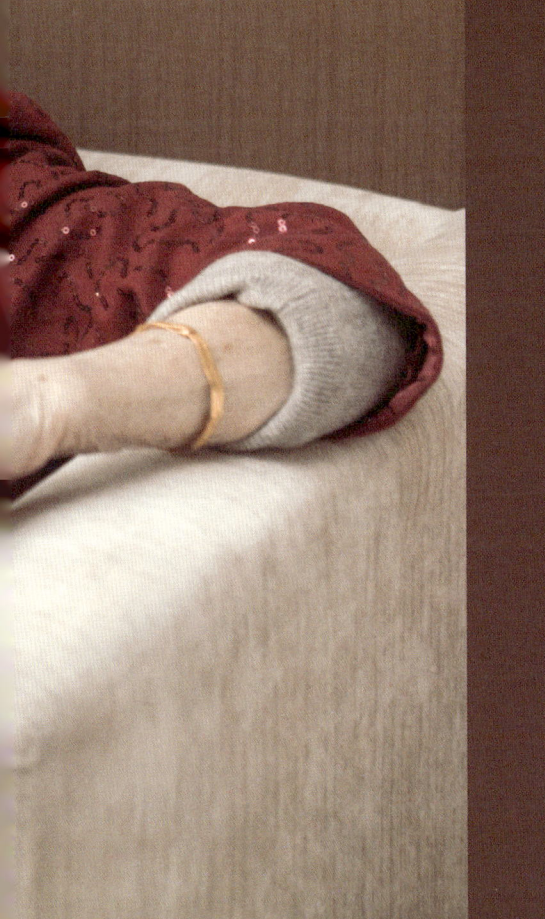

奶奶：

　　你好呀！

　　端午节快到了，这几天你总说，我们要一起过节，到时候你给我们做头碗吃。每每逢年过节时，你总会念叨着让我回家里来，要给我做好吃的。

　　能在你身边长大，总觉得自己特别幸运。

　　当然，更幸运的是能陪你变老，陪你度过每个节日。

　　在这里，先祝你端午安康啦！

　　我时常想，如果有人想和你做朋友的话，那他一定得特别懂吃，得提前做好功课。这份功课一定得又辣又重口，不能是小清新少女风，因为你压根儿就不吃那一套。而且约会地点我也想好了：首选火锅店，其次是串串香店，最后是街边的小吃摊——有糖油果子、鹌鹑蛋的那种。

你呀，就是个不按常理出牌的老小孩儿：健康的东西你不乐意吃，高油高热的"垃圾食品"你乐此不疲，又馋又挑嘴；为了偷喝一口白酒，你坚定地跟我们打着持久的"游击战"；你喜欢跟人家扯闲篇，说不过的时候又会蛮不讲理地甩出"你晓得个铲铲"！有时候，全家人被你搞得头都要大一圈。

但你是这世上最好的奶奶。

以前我喜欢窝在你怀里，听你谈天

说地；现在我也总喜欢把手塞在你的手心里。你的手总是暖暖的，我就感觉这世界呀，也是暖洋洋的。

家人伺候的时候，你总说心里过意不去，我们就说："有啥过意不去的哦，小时候你还不是一样这般伺候我们的。"你却撇撇嘴："那时候你们小嘛。"

可是，现在你年纪大了呀。

岁月真是个"坏家伙"，它让我爱的人变老。

小时候，我总觉得你太过节俭，于是豪气冲天地夸下海口，待我长大后要给你买这个买那个，还仔细盘算过自己赚的钱该如何分配；长大些，有能力给你买东西之后，你又嫌弃我乱花钱，只

有在收到小零食的时候才会忍得舍不挑
嘴；再后来，你搬回成都，我可以经常
见到你，开始时常陪你出去散步、逛街，
那时候才知道什么样的步速对你来说才
是刚刚好……

  其实算一算，我陪在你身边的日子
很有限，还有好多好多事情想要和你一
起去体验。那些我们一起走过的时光，
有些清晰可见，有些已淡忘在时间里，
但回想起来，却总是甜。

  看到你拄着拐杖，乐呵呵地在院子
里晒太阳的时候，觉得真好；
  看你虽然挑嘴，但吃到美味食物后
眯眯眼的样子，觉得真好；
  看你因为耍赖，心虚扭头噘嘴的

可爱模样，觉得真好；
　　看到周围人吃火锅时被你溅了一身油无可奈何地龇牙咧嘴，觉得真好……
　　你在我身边，真好。

　　你总说要"活他个120岁"，偷偷告诉你，我当真了哦，所以你要乖乖听话、好好加油，我们相伴着再走得更远一点。

　　好了，这封信就先写到这里吧。
　　总之，很荣幸能当你的宝贝，往后，就换你做我的宝贝吧。

昀恩
2021 年 5 月 25 日